KB216597

항암 요리 전문가 황미선의

치유식

책을 열며

사회가 발전하면서 우리의 식문화에도 많은 변화를 가져왔습니다. 요즘에는 조리법이 복잡하고 어려운 음식을 멀리하고 손쉽고 빠르게 만들어 먹을 수 있는 음식이 환영받고 있습니다. 가정에서 음식을 만들어 먹기보다는 마트에서 사다 먹거나 음식점에서 주문해 먹는 경우가 많아진 것이 오늘날의 현실입니다. 또 새로운 음식에 대한 욕구가 커진 데다 다양한 맛의 외국 음식들이 소개되어 우리의 고유 음식들과 섞이면서 '퓨전'이라는 이름의 음식이 생겨났고 큰 인기를 얻고 있습니다. 이러한 변화가 우리 고유 음식들이 설 자리를 잃게 하는 것 또한 부정할 수 없습니다. 게다가 고열량의 음식들과 조리법이 우리의 건강을 위협하고 있습니다.

저는 2002년 유방암 3기 진단에 이어 2005년 자궁경부암 진단 등 암을 겪으면서 병을 고치는 것이 면역력을 높일 수 있는 음식이라는 것을 깨닫게 되었습니다. 암에 걸리면 우선 급하게 병원을 정해 수술하고 항암 치료를 받는데, 암 환자와 가족들은 큰 충격과 두려움에 빠져 어찌할 줄 모릅니다. 수술하고 항암 치료를 받는 동안은 병원에서 시키는 대로 먹고 생활하지만, 병원에서 치료가 끝난 뒤 집으로 돌아오면 매우 당황하게 됩니다. 잘 먹어서 면역력을 높여야겠다고 생각하면서도 막상 무엇을 어떻게 먹어야 할지 난감하기만 했습니다. 항암 치료 중인 암환자가 건강보조식품, 보약 등을 함부로 먹으면 간 수치가 올라가 항암 치료를 중단해야 하는 경우도 있기 때문에 항암 치료 후에는 특히 먹는 것에 더욱 신경 써야 합니다. 지푸라기라도 잡는 심정으로 무턱대고 암에 좋다는 것을 구해서 먹거나 잘못된 건강 정보와 속설에 휘둘려서는 안 됩니다.

모든 사람이 그렇지만 특히 암에 걸린 사람은 식사 때마다 영양을 고르게 담고 무엇보다 면역력을 높일 수 있는 음식을 먹어야 합니다. 저는 큰 수술을 끝내고 방사선과 항암 치료를 마치면서 건강을 회복하기 위해, 아니 살기 위해 음식에 관한 공부를 시작했습니다. 그 과정에서 우리 전통 음식인 한식은 열량이 적으면서도 사계절 제철 식재료를 사용한 건강한 음식이라는 사실을 알게 되었습니다. 특히 우리의 식생활에서 떼려야 뗄 수 없는 '김치'는 풍부한 영양과 맛으로 한국을 대표할 만한 특별한 음식입니다. 그 때문에 지난 5년 동안은 하루걸러 김치를 담갔을 만큼 열성적으로 레시피를 만들고 공부해 제 인생의 동반자 같은 존재가 되었습니다.

2022년 우연한 기회에 〈여성조선〉을 만나 3년이라는 시간 가까이 연재한 '김치'와 우리 음식들을 모아서 이번에 한 권의 책으로 출간하게 되었습니다. 이 책에 수록된 음식들은 자연에서 나는 제철 식재료를 활용해 재료 본연의 맛과 향, 영양은 그대로 살리되 핸드메이드 양념이나 드레싱 등을 더해 맛을 더했습니다. 제 레시피를 따라 해보면 건강식, 항암에 좋다는 음식들은 맛이 없다는 편견에서 벗어날 수 있을 것입니다.

마지막으로 이 책이 출간될 수 있도록 힘써주신 〈여성조선〉의 관계자분들께도 감사의 말씀을 전하고 싶습니다.

2025년 3월 황미선

차례

Part 02

계절 담은 반찬

차례

Part 03

보양식 탕과 전골

Part 04

건강 담은 일품식

Part 05

속이 편한 죽과 샐러드

Part 06

차·떡·술 그리고 건강한 간식

Part 07

정갈한 명절 식탁

김치의 맛을 내는 기본양념

소금과 고춧가루

잘 담근 장, 갓 짠 고소한 기름, 질 좋은 소금 이 세 가지면 모든 한식을 맛있게 만들 수 있다고 해도 과언이 아닙니다. 그만큼 음식을 만들 때 소금은 중요한 요소지요. 특히 김치를 담글 때는 좋은 소금을 사용해야 김치가 무르지 않고 쓴맛이 나지 않습니다. 저는 3년 이상 간수를 뺀 천일염과 토판염을 사용해 김치를 담급니다. 고춧가루는 태양초를 사용해야 단맛이 나고 향이 좋은데 김치 종류에 따라 고운 고춧가루와 중간 굵기의 김치용 고춧가루를 사용합니다.

천일염

전통적으로 사용해 온 소금은 천일염, 즉 바닷물을 햇볕에 말려서 만든 소금으로 염분 외에도 미네랄을 함유하고 있다. 김치를 절일 때 그리고 양념용으로 주로 사용하고 '소금이오는소리(dae-o.com)' 제품을 사용한다.

토판염

토판염은 갯벌을 편평하게 다진 뒤 바닷물을 가둬 소금을 생산하는데 염화나트륨의 농도가 일반 소금에 비해 85% 정도 낮으며 칼륨과 마그네슘 함량이 높다. 감칠맛 역시 뛰어나 물김치를 담글 때와 양념용으로 사용한다.

고운 고춧가루

물김치나 반지처럼 국물이 많은 김치에는 고운 고춧가루를 사용한다. 고추장을 담글 때도 고운 고춧가루를 사용한다. 고춧가루는 프리미엄 브랜드의 경우 매운맛, 보통 맛, 순한 맛 등 맵기 선택이 가능하다.

김치용 고춧가루

일반적으로 김치를 만들 때는 경북 영양산 고춧가루 브랜드 '빛깔찬'의 중간 굵기의 고춧가루를 쓰는데 육수나 액젓에 불려 사용하면 김치 색이 더 곱다.

마른 고추

마른 고추를 씻어 물기를 제거한 뒤 2~3등분해 육수에 잠시 불려 믹서에 성글게 또는 곱게 갈아 사용한다. 고춧가루만으로 김치를 담글 때보다 빛깔이 곱고 맛 또한 풍부해진다.

젓갈

공기와 온도, 시간의 3박자가 모두 갖춰져야 비로소 제대로 된 감칠맛을 내는 젓갈은 김치의 간을 맞추고 맛을 내는 중요한 재료 중 하나입니다. 냉장 시설이 발달하지 않았던 시절에는 젓갈을 시원하면서도 일정한 온도 유지가 가능한 토굴에 보관해 좀 더 오랫동안 맛있게 먹을 수 있었지요. 하지만 요즘은 젓갈의 염도를 낮춰 발효 역시 빠르게 진행되기 때문에 숙성된 젓갈은 최신 냉장 시설을 갖춘 보관실에 넣어 더는 발효되지 않도록 함으로써 맛을 유지하는 것이 좋습니다. 젓갈이 짜서 건강에 좋지 않다는 것은 옛말일 뿐이에요.

멸치액젓

충분히 숙성된 멸치젓 위로 맑게 뜬 멸치액젓은 새우젓과 함께 일상 요리에서 가장 많이 사용된다. 물김치를 제외한 다양한 김치와 요리에 사용되는 국민 젓갈 중 하나다.

황석어젓

황석어의 형체가 흐트러지지 않고 온전하며 색이 노르스름한 것이 좋은 황석어젓이다. 황석어젓으로 김치를 담그면 깔끔한 맛이 나고 김치가 익어도 색이 탁해지지 않는다. 특히 해물섞박지를 담글 때는 황석어젓 국물이 들어가야 맛있다.

조기젓

조기젓은 제대로 담그지 않으면 비린 맛이 많이 나므로 충분히 숙성된 것을 사용해야 한다. 잘 숙성된 조기젓은 국물이 맑고 조기 표면은 약간 누런빛이 돈다. 숙성이 잘된 조기젓은 담백한 맛이 나 배추김치와 양파김치, 고추김치와 잘 어울린다.

멸치생젓

싱싱한 멸치를 소금으로 버무려 숙성시켜 위의 맑은 국물인 멸치액젓을 따라내고 남은 건더기가 멸치생젓이다. 멸치생젓은 구수하면서도 곰삭은 맛이 나는데 다양한 김치에 사용된다. 특히 갓김치, 고들빼기, 무김치에는 멸치생젓이 들어가야 맛있다. 토판염으로 담근 멸치젓을 사용하면 달고 감칠맛이 진한 음식을 완성할 수 있다.

굴젓

굴젓은 굴이 나오지 않는 계절에 굴 대신 사용하면 좋다. 배추포기김치에 굴을 넣어 담그면 맛이 깊고 풍부해진다.

갈치젓

갈치젓은 갈거나 다져 사용하는데 구수하면서도 비린내가 나지 않으며 깊은 감칠맛을 낸다. 주로 잎이 넓은 엽채류 김치에 잘 어울리며 갓김치와 파김치를 담글 때도 사용한다.

멸치액젓
황석어젓
멸치생젓
조기젓
굴젓
갈치젓

새우젓

김장이나 요리할 때 부재료로 많이 사용하는 재료가 새우젓이죠. 그중에서도 새우 살이 가장 통통할 때 나오는 육젓을 최고로 치는데요, 김장김치는 물론 돼지고기보쌈에 곁들이거나 밥반찬, 생선찌개 등 각종 요리를 할 때 넣으면 풍미와 감칠맛을 더해줍니다.

새우액젓

새우액젓

새우를 김치에 넣을 때 보통 다져서 넣는데 백김치나 반지, 보김치 등에는 새우액젓을 사용해야 비린내가 나지 않고 깔끔한 맛이 난다. 냄비에 새우젓과 생수를 1:1 분량으로 넣고 끓기 시작하면 5분 정도 더 끓여 면포에 건더기는 건지고 액젓만 받아 식혀 사용한다.

추젓

음력 8월경인 가을철에 어획한 자잘한 새우로 담근 젓갈로, 육젓보다 크기가 작고 깨끗하다. 수확 시에는 투명한 빛을 띠나 젓갈로 담그면 흰색으로 변한다. 각종 음식에 가장 널리 사용되는 새우젓으로 잘 삭혀 김장을 담글 때 사용하거나 젓국으로 쓰기에 좋다.

오젓

음력 5월에 잡은 새우로 담근 젓갈로 감칠맛과 단맛이 풍부하다. 새우젓은 육젓이 가장 좋지만 가격대가 높기 때문에 김치를 담글 때는 주로 오젓을 사용한다. 육젓보다는 새우가 작고 더 붉은색을 띠는데 국물의 색이 뽀얗고 고소한 맛이 나는 것이 좋다.

육젓

음력 6월에 잡은 새우로 담근 젓갈로 새우젓 중 가장 크기가 크다. 육젓으로 담근 김치는 비린내가 없고 깔끔하며 시원한 맛을 낸다. 특히 산란기 새우로 담근 젓갈은 통통하면서도 단맛이 나고 비린내 없이 감칠맛이 깊어 최상품으로 친다. 주로 백김치를 담글 때 사용하거나 보쌈에 곁들여 먹는다.

추젓

오젓

육젓

죽

김치의 단맛과 감칠맛을 살리기 위해서는 곡물로 쑨 죽을 넣어야 합니다. 죽은 김치와 양념을 밀착시켜주는 역할을 할 뿐만 아니라 김치가 익고 난 뒤에 빨리 시는 것을 방지해 줍니다. 또 김치에 구수한 맛을 더하고 풋내를 제거하는 역할도 해주지요.

찹쌀죽

모든 김치에 두루 잘 어울리는 죽으로 특히 배추김치에는 찹쌀죽이 잘 어울린다. 다만 김치에 따라 죽 형태가 달리 쓰이는데 배추김치나 깍두기 등에는 묽은 죽 형태가 좋고, 총각무김치처럼 젓갈과 고춧가루가 많이 들어가는 김치에는 좀 되게 쑤어서 넣는다.

기본 재료 찹쌀 1컵, 생수 1.4ℓ
만드는 법 찹쌀은 씻어 1시간 정도 불려 물기를 뺀다. 찹쌀에 생수를 붓고 찹쌀이 퍼질 때 까지 끓여 차게 식혀 사용한다.

우리밀가루죽

찹쌀죽과 함께 김치에 가장 많이 사용되는 죽으로 특히 열무김치나 얼갈이김치처럼 심심하고 시원하게 담그는 김치와 어울린다. 우리밀가루죽은 차갑게 식혀 사용하지 않으면 김치가 빨리 익고 색도 곱지 않다.

기본 재료 우리밀가루 3큰술, 생수 500㎖
만드는 법 우리밀가루에 생수 200㎖를 부어 멍울 없이 곱게 푼다. 냄비에 남은 생수 300㎖를 붓고 물이 팔팔 끓으면 곱게 푼 밀가루물을 넣고 저어가며 죽을 쑨 뒤 차게 식혀 사용한다.

우리밀감자죽

여름 김치와 잘 어울리는 죽으로 특히 열무김치나 열무물김치, 고구마순물김치, 오이소박이, 부추김치 등을 담글 때 사용한다.

기본 재료 우리밀가루 3큰술, 감자 250g, 생수 600mℓ
만드는 법 감자는 필러로 껍질을 벗긴 후 강판에 간다. 간 감자에 우리밀가루, 생수 300mℓ를 넣고 멍울 없이 곱게 푼다. 냄비에 남은 생수 300mℓ를 붓고 물이 팔팔 끓으면 곱게 푼 밀가루감자물을 넣고 저어가며 죽을 쑨 뒤 차게 식혀 사용한다.

차조죽

알타리김치와 천수무빠게지, 깍두기 등 주로 무김치에 넣는다. 차조죽을 넣은 무김치는 구수하면서도 감칠맛과 단맛이 나며 김치가 익을수록 국물의 탄산감이 뛰어나 맛이 시원해진다.

기본 재료 차조 100g, 생수 1ℓ
만드는 법 차조는 깨끗하게 씻어 1시간 정도 충분히 불린다. 냄비에 불린 차조와 생수를 넣고 끓기 시작하면 중불에서 25분 정도 끓인 뒤 충분히 식혀 사용한다.

늘보리죽

열무김치나 열무물김치를 담글 때 주로 사용하며 여름철 김치가 빨리 익지 않고 구수하고 시원한 맛이 나도록 한다.

기본 재료 늘보리 1컵, 생수 1.4ℓ

만드는 법 늘보리는 맑은 물이 나올 때까지 박박 문질러 씻어 2시간 정도 충분히 불린다. 냄비에 불린 늘보리와 생수를 넣고 끓기 시작하면 중불로 줄이고 늘보리가 퍼질 만큼 20분 정도 끓인 뒤 차게 식혀 사용한다.

들깨죽

구수한 맛이 강한 들깨죽은 총각무김치, 깍두기, 천수무빠게지 등 무김치를 담글 때 사용하면 시원하면서도 청량한 맛을 낸다.

기본 재료 들깨 4큰술, 찹쌀가루 2큰술, 생수 500㎖

만드는 법 들깨는 깨끗하게 씻어 조리로 일은 뒤 물기를 뺀다. 믹서에 씻은 들깨와 생수, 찹쌀가루를 넣고 곱게 갈아 면보에 거른다. 냄비에 면보에 거른 즙을 넣고 끓기 시작하면 중불에서 20분 정도 끓인 뒤 차게 식혀 사용한다.

카무트죽

쫀득하고 톡톡 터지는 식감이 좋은
카무트는 죽을 쑤어 여름철 열무김치나
열무반지를 담글 때 넣으면 김치가
숙성되었을 때 맛이 깔끔하고 탄산처럼
쨍하게 익도록 도와준다.

기본 재료 카무트 1컵, 생수 1.4ℓ
만드는 법 카무트는 깨끗이 씻어
1시간 이상 충분히 불린다. 믹서에 불린
카무트와 생수 600㎖를 붓고
거칠게 간다. 냄비에 간 카무트와
생수 800㎖를 붓고 끓으면 중불에서
카무트가 퍼지도록 20분 정도 끓인 뒤
차게 식혀 사용한다.

귀리죽

슈퍼 푸드로 불릴 만큼 건강한 식재료인
귀리를 죽으로 쑤어 주로 여름철에 담가
먹는 열무김치나 열무반지에 넣으면
독특한 식감을 느낄 수 있고 시원한
국물 맛이 일품이다.

기본 재료 귀리 1컵, 생수 1.2ℓ
만드는 법 귀리는 깨끗이 씻어 1시간 정도
충분히 불린다. 믹서에 불린 귀리와
생수 600㎖를 붓고 거칠게 갈아
사용한다.

요리에 감칠맛을 내는 건강한 양념

어육간장

맛간장

전통 토판염장

마늘고추장

장

한식의 기본 맛은 장에서 시작됩니다. 또 시판되는 장류 중에는 첨가물이 들어간 경우도 많아 저는 매년 다양한 종류의 장을 직접 담가 사용합니다. 손이 많이 가고 시간도 오래 걸리지만 별다른 양념 재료 없이도 건강하고 맛있는 음식을 만들 수 있기 때문입니다.

어육장

어육장은 메주뿐만 아니라 말린 꿩과 민어, 북어 등 흰살 생선과 전복, 새우 같은 해물을 잘 손질해 말려 넣는다. 어육간장과 된장은 육류와 어류의 동물성 단백질이 같이 발효되기 때문에 감칠맛이 뛰어나다. 어육간장은 깊은 감칠맛으로 김치를 담글 때 사용하거나 샐러드 소스 등으로 활용하기 좋다. 어육된장 역시 감칠맛이 뛰어나고 깊은 풍미가 있으며 일반 된장보다 구수한 맛이 난다.

맛간장

육포를 만들거나 각종 무침, 조림 등을 할 때 사용하기 좋은 간장으로 한 번에 넉넉하게 만들어 냉장 보관해가며 사용하면 좋다.

기본 재료 집간장 500㎖, 생수 1.5ℓ, 다시마 20g, 무 100g, 육수용 멸치 50g, 마늘 30g, 생강 10g, 대파 1대
만드는 법 큰 냄비에 집간장을 제외하고 분량의 맛간장 재료를 모두 넣고 끓여 물이 500㎖ 정도로 줄어들면 불을 끄고 걸러 식힌 뒤 집간장을 섞어 완성한다.

전통 토판염장

토판염으로 담근 간장과 된장은 짠맛이 덜하고 일반 된장보다 단맛이 나는 것이 특징이다. 장을 맛있게 담그기 위해서는 항아리 소독이 중요하다. 빨갛게 달군 숯에 꿀을 약간 뿌려 항아리에 넣고 뚜껑을 닫으면 소독과 함께 달콤한 꿀 향이 항아리에 배어든다.

마늘고추장

우리 몸에 이로운 마늘을 찜솥에 쪄서 주재료로 사용해 보약처럼 먹는 기능성 고추장이다. 생선조림이나 육류 요리를 할 때 넣으면 맛과 영양을 더할 수 있다.

현미고추장

쌀의 영양분이 고스란히 들어 있는 현미찹쌀로 담가 영양적으로도 우수한 고추장이다. 보리조청을 넣어 구수하면서도 은근한 단맛이 나는 고추장으로 다양한 요리에 맛과 영양을 더해준다.

채장

막장처럼 즐기기 좋은 채장은 된장이 숙성되기 전에 각종 채소를 넣어 담근 된장이다. 염도가 낮고 비타민과 무기질 등 채소의 영양까지 취할 수 있고 비빔, 쌈, 찌개, 반찬 등으로 입맛을 돋우기에 좋아 항암 환자들에게 추천하는 음식 중 하나다.

쌀누룩저염장

쌀누룩을 이용하면 손이 많이 가는 장 담그기가 쉬워진다. 따라서 처음 장을 담그는 이들도 어렵지 않게 장을 담글 수 있고 일반 장에 비해 단맛과 감칠맛도 풍부해진다. 쌀누룩저염간장은 염도도 낮아 샐러드 소스나 불고기 양념 등으로 사용하기 좋다. 쌀누룩저염된장은 일반 된장에 비해 단맛이 나면서 부드러워 나물을 무치는 데 사용하면 좋다.

현미고추장

쌀누룩저염간장

채장

쌀누룩저염된장

건강한 단맛

요리에 단맛을 내는 방법은 여러 가지가 있습니다. 건강에 별로 좋지 않은 설탕을 사용하지 않아도 단맛을 낼 수 있지요. 천연 식품을 사용하면 설탕만큼 즉각적인 단맛을 내지는 않더라도 은근한 단맛으로 요리의 맛을 돋우고 영양을 챙길 수 있습니다.

메이플시럽

단풍나무에서 채취한 수액을 농축해 만든 천연 당으로 화학첨가제가 전혀 들어 있지 않고 항산화물질과 미네랄을 풍부하게 함유하고 있다. 특히 혈당 상승지수인 GI가 낮아 정제 설탕보다 우리 몸에 천천히 흡수되어 혈당이 급격하게 오르는 것을 막아준다. 캐나다 퀘벡에서 생산된 제품을 사용하며 특유의 향이 있어 주로 소스로 사용한다.

천연 아카시아꿀

꿀에는 각종 미네랄과 영양분이 풍부하다. 특히 아카시아꿀은 향이 강하지 않고 맛이 상쾌해 다양한 요리에 활용하기 좋다. 다만 열에 매우 약하므로 고열에는 사용하지 않으며 조리 시 가장 마지막 단계에 넣는다.

쌀조청

쌀과 엿기름을 오랜 시간 고아 만든 전통 감미료로 표백, 정제 등의 과정을 거치지 않아 영양분이 풍부하며 감칠맛도 뛰어나다. 특유의 향과 색이 진하므로 재료 고유의 맛을 살려야 하는 무침 등을 제외하고 다양한 요리에 활용할 수 있다.

아우노슈가

설탕의 원료인 사탕수수나 사탕무에는 당분인 수크로오스 외에도 여러 가지 미네랄과 단백질, 섬유질이 들어 있다. 하지만 우리가 먹는 설탕은 정제 과정에서 비타민 C를 포함해 천연 성분의 90%가 사라지고 순수한 당, 즉 단순당만 남은 것이다. 아우노슈가는 유기농법으로 재배한 사탕수수를 압착한 원액을 정제 과정 없이 끓인 뒤 굳혀 분쇄하여 만들었다. 사탕수수 본연의 미네랄과 폴리코사놀과 같은 항산화 성분을 풍부하게 함유하고 있는 순수 천연 당이다.

천연 아카시아꿀
메이플시럽
쌀조청
아우노슈가

들깻가루

죽방멸치 가루

자연산 대하 가루

천연 가루

멸치나 대하, 들깨와 같이 감칠맛이 뛰어난 식품들을 손질해 가루로 만들어두면 따로 육수를 낼 필요 없이 다양한 요리에 활용할 수 있습니다. 또한 이러한 천연 가루는 특유의 감칠맛과 향으로 음식을 더욱 맛있게 만들어 줍니다.

들깻가루

오메가3 지방산이 풍부한 들깻가루는 암세포 증식을 억제하고 뇌를 활성화시켜 치매 예방에도 도움이 된다. 또 칼슘 역시 풍부해 골밀도 저하를 예방하며 뼈와 치아 손상을 방지한다. 방앗간에서 생들깨를 거피해 가루로 만들어 냉동 보관해가며 사용한다. 들깨탕이나 죽을 끓여도 좋고 열무된장지짐이나 장어탕에 넣어 먹으면 고소한 풍미와 특유의 감칠맛을 낸다.

죽방멸치 가루

음식에 진한 감칠맛이 필요할 때 쓰는 대표 양념 중 하나가 죽방멸치 가루다. 표면에 은빛이 돌고 비린내가 나지 않는 죽방멸치를 구입해 내장과 머리를 제거하고 하루 정도 햇볕에 바짝 말린 후 분쇄기로 곱게 갈아 냉동 보관해가며 사용한다. 이렇게 만든 죽방멸치 가루는 김치 양념에 넣기도 하고 찌개나 국 등 다양한 요리에 조미료로 활용한다.

자연산 대하 가루

감칠맛 성분인 타우린이 풍부한 대하 가루는 다양한 요리의 조미료로 사용하기 좋다. 특히 김치에 넣으면 감칠맛은 물론 단백질까지 더해줘 영양상으로도 이롭다. 자연산 대하가 제철(9~12월)일 때 구입해 껍질을 벗기고 전처리한 후 식품건조기에 넣어 50℃에서 6~7시간 정도 건조한 후 분쇄기에 곱게 갈아 사용한다.

맛국물

국물 요리가 많은 한국 음식에서는 기본 밑국물만 잘 갖춰 놓으면 훌륭한 맛을 낼 수 있습니다. 특히 기본이 되는 다시마멸치 육수와 다시마물, 소고기 육수만 제대로 끓여 두면 국과 탕은 물론 김치의 맛을 업그레이드시킬 수 있지요.

다시마멸치 육수

일반 다시마와 멸치 대신 뿌리다시마와 죽방멸치를 활용해 육수를 낸다. 뿌리다시마는 보통의 다시마보다 알긴산이 풍부하다. 알긴산은 항암 효과도 탁월할뿐더러 일반 다시마에 비해 도톰해서 조금만 넣어도 진한 국물 맛이 우러난다. 죽방멸치는 '죽방'이라는 대나무로 만든 부채꼴 모양의 말뚝을 동해 생산되는 멸치로 소량 생산만이 가능하다. 고영양 플랑크톤이 서식하는 남해안에서 자라 육질이 단단하고 기름기가 적어 비린내가 나지 않는 고급 멸치로 몇 마리만 넣어도 육수에 깊은 맛을 더해준다. 뿌리다시마죽방멸치 육수는 요리에 따라 다시마와 멸치의 양을 조절한다.

기본 재료 뿌리다시마 20g, 죽방멸치(또는 국물용 멸치) 50g, 물 1ℓ

만드는 법 물에 분량의 뿌리다시마와 죽방멸치를 넣고 불에 올려 끓기 시작하면 10분 후에 다시마를 건져내고 10분 정도 더 끓여 육수만 걸러 식힌다.

다시마물

맑은 탕이나 백김치, 반지 등의 요리를 할 때 국물의 감칠맛을 더하려면 깔끔한 다시마물을 사용하는 것이 좋다. 다시마와 생수를 같이 넣어 10분 정도 끓이거나 찬물에 다시마를 담가 하루 정도 우려 사용한다.

소고기 육수

양지와 사태 육수는 다양한 요리의 밑국물로 사용하기 좋다. 감칠맛이 뛰어나고 무엇보다 기름기 없이 부드럽게 삶은 소고기는 항암 환자들의 기력을 더해주는 단백질 공급원이 된다. 다만 항암 환자들은 냄새에 민감하기 때문에 고기를 삶을 때 양파를 넣어 육류 특유의 향을 제거하는 것이 좋다. 또 소고기의 핏물을 반드시 빼야 하는데 찬물에 1시간 정도 물을 갈아가며 담가두어야 육수에서 냄새가 나지 않는다. 빠르게 핏물을 제거하고 싶다면 설탕을 탄 물에 30분 담가뒀다가 다시 찬물에 10분 정도 담그면 된다. 또 찬물이 아닌 끓는 물에 넣고 삶아야 하며 거품을 수시로 걷어내야 깔끔하고 맑은 육수가 완성된다.

기본 재료 양지·사태 400g씩, 양파 1개, 생수 6ℓ

만드는 법 소고기 양지와 사태는 찬물에 물을 갈아가며 1시간 정도 담가 핏물을 뺀다. 큰 냄비에 생수를 붓고 양파를 넣어 끓으면 양지와 사태를 넣고 1시간 20분 정도 끓인다. 고기는 꺼내 식히고, 육수는 차갑게 식혀 기름기를 걷어내고 면보에 밭쳐 거른다.

다시마멸치 육수 + 소고기 육수

떡국이나 소고기무국 등을 끓일 때 소고기 육수만으로는 감칠맛이 부족하기도 하다. 이럴 때는 다시마멸치 육수와 소고기 육수를 혼합해 끓이면 된다. 이렇게 끓인 국물은 감칠맛이 훨씬 깊다. 다만 고기 자체가 감칠맛이 풍부하다면 굳이 멸치다시마 육수를 혼합해 사용할 필요가 없다. 대신 육수를 낼 때 양파와 대파 그리고 무를 넣으면 국물 맛이 한층 시원하고 채수와 육수가 어우러져 감칠맛이 상승한다.

면역력과 원기 회복을 위한 식재료

산나물

송이버섯

콜라비

더덕

면역력 향상을 위한 식재료

모든 사람이 그렇지만 특히 암에 걸린 사람은 식사 때마다 고른 영양 섭취를 고려해야 하고 무엇보다 면역력을 높일 수 있는 음식을 먹어야 합니다. 가장 좋은 것은 자연에서 나는 제철 식재료를 늘 가까이에 두고 먹는 것입니다.

산나물

산기운, 땅기운을 가득 머금은 산나물은 훌륭한 에너지원으로 재배 나물과 달리 산채라는 이름이 붙을 정도다. 산나물은 자연 그대로의 상태에서 자란 것으로 약성이 뛰어나다. 또 본래의 영양 성분과 약성이 풍부할 뿐 아니라 생명력도 매우 강하다.

콜라비

콜라비는 비타민과 식이섬유가 풍부하고 항산화 효과도 뛰어나 항암 환자에게 추천하는 식재료 중 하나다. 특히 여름철 입맛이 없을 때 저장해 둔 콜라비를 이용해 다양한 김치를 담가 먹으면 좋다.

송이버섯

송이버섯의 독특한 향은 마쓰다케올이라는 성분 때문인데, 이 성분은 식욕 증진과 산화효소의 분비를 촉진하는 작용뿐 아니라 면역력을 키워주고 항암작용을 한다. 송이버섯은 맑은국으로 끓여도 좋고 양념장을 곁들여 솥밥으로 즐기기에도 좋다.

더덕

더덕은 산에서 나는 고기라고 불릴 정도로 영양가가 높은 뿌리식물로 기운을 북돋워준다. 사포닌과 섬유질, 비타민 등이 풍부하게 함유되어 생활습관병 예방에도 효과가 있다.

원기 회복을 위한 식재료

암환자들이 특히 항암 치료를 받으면 면역력과 원기가 떨어져 기운이 없는 경우가 많습니다. 이럴 때는 원기를 회복시킬 수 있는 비타민, 무기질, 단백질이 골고루 함유돼 있는 식품을 섭취하는 것이 좋습니다.

아보카도

전 세계에서 가장 영양가가 높은 채소로 꼽힌 아보카도는 해외에서는 병원 음식으로 사용할 만큼 건강 유지에 필수적인 식재료다. 신체 면역력을 강하게 하는 비타민 B_2와 혈압을 정상적으로 유지시키는 칼륨도 들어 있다. 샐러드에 넣거나 곱게 갈아 샐러드 소스로 활용해도 좋다.

밤

피로 회복에 도움이 되는 밤은 단백질을 비롯해 탄수화물과 무기질, 비타민 외에 칼슘과 칼륨도 들어 있는 영양 식품이다. 또 피로 회복에 좋은 비타민 C가 사과의 약 8배가 될 정도로 풍부하게 함유되어 있다.

연근

연꽃에서 만들어진 연근은 기초 체력을 키워주고 세포에도 활력을 준다. 식이섬유소가 매우 풍부한 뿌리식물로 비타민 C와 철분이 풍부하게 함유되어 있다. 빈혈을 예방해주며 타닌이 많아 지혈 작용에도 도움이 된다. 연근의 독특한 점액 성분인 무틴은 위의 점막을 보호해주는 역할을 해 위장병을 예방하는 효과가 있다. 특히 불용성 식이섬유가 풍부해 배변이 원활해지고 몸에 불필요한 것을 배출시키는 작용이 뛰어나다.

잣

불포화지방산이 균형 있게 함유된 식품으로 특히 비타민 E가 100g당 129㎎이나 들어 있어 노화 방지와 피부를 건강하게 해주는 천연 토코페롤 식품이다. 잣에 함유된 단백질은 우리 몸의 구성 성분으로 쓰이며 새로운 세포를 만드는 데 중요한 역할을 한다.

은행

감기 예방에 도움이 되는 은행에는 탄수화물, 칼륨, 비타민 B_1과 C가 많아서 감기는 물론 고혈압도 예방한다.

잣

송이버섯
능이버섯
석이버섯
밤버섯
꾀꼬리버섯
표고버섯

최고의 영양 식품, 버섯

버섯은 단백질, 비타민, 미네랄 등이 풍부하게 함유된 영양가 높은 식품으로 항암 환자들에게는 최고의 식재료 중 하나입니다. 버섯에는 식이섬유소가 풍부해 장내의 발암물질, 노폐물 배설에도 도움을 줍니다.

송이버섯

강렬하면서도 독특한 향으로 인기가 높다. 송이버섯의 독특한 향은 마쓰다케올이라는 성분 때문인데, 이 성분은 식욕 증진과 산화효소의 분비를 촉진하는 작용뿐 아니라 항암 작용도 한다.

능이버섯

송이버섯 못지않게 귀한 대접을 받는 버섯 중 하나다. 향이 진한 버섯으로 능이버섯백숙처럼 음식에 소량만 넣어도 향과 맛을 더한다. 쫄깃한 식감과 진한 향으로 버섯솥밥 재료로도 안성맞춤이다.

석이버섯

깊은 산속의 바위 표면에서 자라는 버섯으로 맛이 담백하여 튀김 요리에 많이 사용되지만 불린 뒤 잘게 썰어 다양한 요리에 활용해도 좋다.

밤버섯

가을이 제철인 밤버섯은 밤나무에서 자라 밤버섯이라고 한다. 약간 쓴맛이 있고 육질이 단단해 볶으면 쫄깃하고 씹는 맛이 있다. 밤버섯은 인공재배가 되지 않아 대부분 자연산이다.

꾀꼬리버섯

선명한 노란색으로 꽃처럼 아름다운 모양에 향이 좋은 버섯 중 하나다. 너무 센 불에 익히면 질겨질 수 있으므로 약한 불에서 천천히 익히는 것이 좋다. 버섯밥에 넣으면 색감도 예쁘고 향도 좋다.

표고버섯

말린 표고버섯은 달여서 마시면 감기 예방에 효과적이다. 표고버섯에 풍부하게 들어 있는 에르고스테롤은 자외선을 쬐면 비타민 D로 변하므로 생표고버섯은 햇볕에 말리면 좋다.

원기 회복을 위한 보양식

모든 사람이 그렇지만 특히 암에 걸린 사람은 식사 때마다 영양을 고르게 담고 무엇보다 면역력을 높일 수 있는 음식을 먹어야 합니다. 특히 환절기나 겨울철에는 면역력을 끌어올릴 수 있는 특별한 보양식을 만들어 수시로 섭취해야 면역력 향상은 물론 원기 회복을 이룰 수 있습니다.

유황오리진액

단백질이 부족하면 몸의 기력과 면역력이 떨어지기 쉽다. 항암 치료 후에는 구토 증상을 동반해 비위가 약해지는데 그럴 때 유황오리진액을 달여 먹으면 좋다. 유황오리진액은 2년 된 유황오리(3kg)와 말린 잔대(100g), 말린 산양삼(100g), 생수(20ℓ)를 냄비에 넣고 푹 달여 만든다. 유황오리는 불포화지방산을 함유해 안심하고 먹을 수 있는 훌륭한 단백질 식품이며 잔대 등은 몸 안의 독소를 몸 밖으로 배출하는 뛰어난 성분을 함유하고 있다.

흑대추

우리 몸의 활성산소를 제거해 산성화를 막아주며 면역력 강화에 효과가 있다. 또 몸을 따뜻하게 만들어주고 불면증 완화에도 도움이 되는 식품이라 겨울철에 즐겨 먹으면 좋다. 대추를 깨끗하게 씻어 물기를 빼고 찜기에 실리콘 매트를 깔고 50분 정도 증(烝)을 해 나무 채반에 올린 뒤 2일 정도 건조한다. 앞의 방법으로 9번 정도 찌고 말려 흑대추를 완성한다.

당유자설록차

당유자설록차는 비타민 C와 항산화 성분이 풍부하다. 또 9번 찌고 말리면서 설록차의 카페인 성분이 제거되어 카페인에 민감한 사람도 먹기에 좋다. 당유자는 제주도에서만 자라는 토종 유자로 일반 유자에 비해 크고 향이 강하지 않고 은은하며 약리작용이 뛰어나다. 당유자 속의 과육을 파내고 꼭지 부분을 둥글게 오려내 뚜껑을 만든다. 당유자 속에 제주도의 질 좋은 설록차를 꼭꼭 눌러가며 채운 다음 뚜껑을 덮고 소독한 무명실로 뚜껑이 열리지 않게 묶는다. 찜기에 넣어 40~50분 정도 증한 후 2일간 건조한다. 앞의 방법으로 찌고 말리는 과정을 9번 반복해 완성한다. 슬로우 쿠커나 내열유리냄비에 당유자설록차 1개와 물 3ℓ를 붓고 1시간 정도 끓인다. 물의 양이 반으로 줄 때까지 3탕 정도 달인 뒤 한데 합쳐 마시면 된다.

흑삼

구증구포한 흑삼은 사포닌과 항산화 물질의 함량이 높고 찌고 말리는 과정을 반복하며 풍미와 향이 더해져 그 맛도 좋다. 6년근 유기농 삼을 구입해 무쇠솥에 싸리 가지를 얼기설기 넣어 그 위에 솔잎을 깐다. 이후 깨끗하게 세척한 6년근 유기농 삼을 올려 소나무 장작불에 1시간 정도 찐다. 이때 뜨거운 삼을 바로 꺼내면 모양이 흐트러질 수 있으니 완전히 식었을 때 채반에 널어 1~2일 정도 고들고들하게 말린다. 앞의 방법으로 9번 정도 찌고 말려 흑삼을 완성한다.

말린 잔대

자연산 잔대는 100가지 독성을 해독해 준다는 말이 있을 정도로 해독 작용이 뛰어나다. 또 잔대는 사삼이라는 인삼, 현삼, 단삼, 고삼과 더불어 5대 삼 중 하나다. 독소가 쌓였을 때는 말린 잔대를 이용해 해독하면 좋다. 말린 잔대(100g)와 노랑태(2마리), 생수(10ℓ)를 냄비에 넣고 2시간 이상 푹 달여 물처럼 수시로 마신다.

말린 산양삼 진액

산양삼은 항산화 효과가 뛰어난 식품으로 우리 몸의 산화를 막아주는 물질이 풍부해 기력 회복에 많은 도움이 된다. 실제로 항암 치료 이후에 10년근 이상의 산양삼을 5~6번 쪄서 말려 홍삼처럼 증을 한 후 말린 산양삼 20g과 생수 3ℓ를 붓고 1시간 30분 정도 중불에 끓여 수시로 복용해 항암 이후 떨어진 면역력을 높이는 데 큰 도움을 받았다.

당유자십전대보탕

당유자십전대보는 당유자의 속을 파고 숙지황, 천궁, 작약, 말린 산양삼, 녹용, 갈근(칡뿌리), 황기, 용안육, 계피, 녹용 등 몸에 좋은 재료들을 넣고 뚜껑을 덮은 뒤 삶은 무명실로 단단히 묶고 약 2개월에 걸쳐 아홉 번 찌고 말려 완성한다. 이렇게 완성한 당유자십전대보는 7~8ℓ의 생수와 함께 2시간 정도 끓이고 물이 반으로 줄어들도록 3탕까지 달인 뒤 한데 합쳐 마신다. 당유자십전대보탕은 면역력을 끌어올리고 원기를 회복하는 데 탁월한 효과가 있어 환절기나 겨울철에 마시면 좋다.

흑구기자

항암 치료를 받으면 간 수치가 굉장히 높아져 평소에 피로감을 쉬이 느끼게 되고 때론 지방간으로 이어지기도 한다. 구기자는 청주를 부어 한 번 정도 가볍게 세척한 후 면보를 깔아 20~30분 정도 쪄 햇볕이 잘 드는 곳에서 바짝 말린다. 앞의 방법으로 9번 찌고 말려 흑구기자를 완성한다. 흑구기자는 생수를 넣고 약불에서 은근하게 달여 마시고 구기자 과육도 씨까지 씹어서 먹는다.

말린 잔대

말린 산양삼 진액

당유자십전대보탕

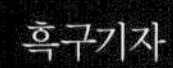

흑구기자

음식의 맛과 멋을 살리는 고명

한국 음식의 마무리는 고명으로 이루어집니다. 고명은 음식 위에 뿌리거나 얹는 장식으로 음식에 생기를 불어넣어 식욕을 돋워주고 부족한 영양의 밸런스를 맞춰주기도 하죠. 우리 음식에 사용되는 고명은 원칙적으로 식품이 가지고 있는 자연의 색조를 이용합니다. 예로부터 음양오행설의 다섯 가지 색인 흰색, 노란색, 파란색, 빨간색, 검은색을 이용했습니다.

석이

특히 고급 김치의 고명으로 사용하는 석이는 손질이 중요하다. 석이는 비지근한 쌀뜨물에 살짝 불려 이끼와 이물질을 깨끗하게 제거한 후 곱게 채 썰어 사용한다.

실고추

붉은색 고명으로 사용하는 실고추는 식욕을 돋우는 색으로 김치를 비롯한 다양한 요리에 사용된다.

삶은 양지

부드럽게 삶은 양지는 떡국 등의 고명으로 사용하면 음식을 더욱 먹음직스럽게 보이게 한다. 양지는 손을 이용해 결대로 찢어 사용한다.

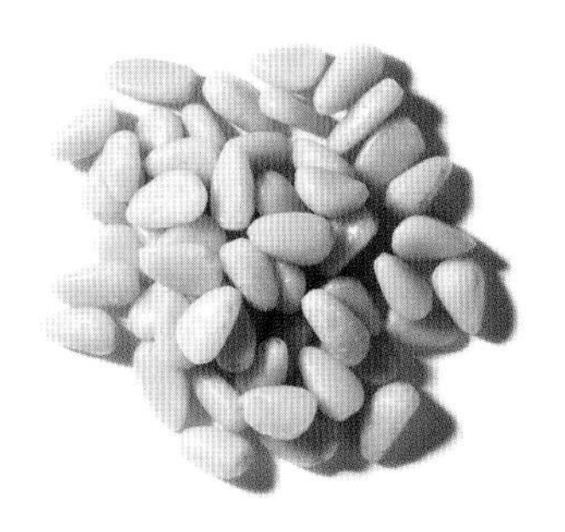

잣(실백)

잣은 되도록 굵고 통통하며 기름기가 없는 것으로 선택해 깨끗한 면보에 살살 비벼 닦은 뒤 고깔을 뗀다.

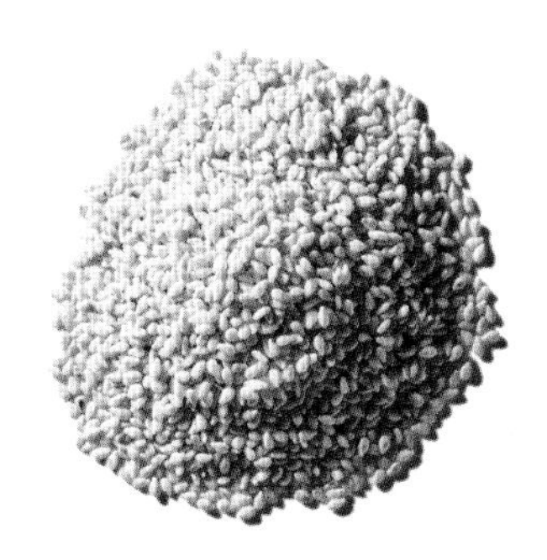

거피 참깨

방앗간에서 참깨의 거피를 벗겨 사용하면 볶은 참깨에 비해 고소한 맛은 덜하지만 보기에 좋고 열을 가하지 않아 건강에도 좋다.

황백지단

흰자와 노른자를 분리해 각각 저어 소금 간을 한 뒤 체에 내린다. 달군 팬에 기름을 얇게 바르고 달걀물을 부어 중약불에 앞뒤로 익혀 식힌 뒤 썬다.

대추

대추는 씻어 물기를 닦아내고 위아래를 약간씩 잘라낸 후 돌려 깎아 씨를 빼낸 뒤 채 썰거나 돌돌 말아 썰어 꽃 모양을 만든다.

검정깨

검은색은 고명으로 석이, 표고, 목이버섯, 검정깨 등이 쓰인다. 참깨, 검정깨, 들깨와 같은 종실류의 고명은 통으로 쓰거나 빻아 가루로 쓴다.

금박

디저트를 비롯해 다양한 요리에 올리면 한층 품격을 더해준다. 다만 금분은 정전기가 심해 대나무 젓가락 등을 이용해 소분해 사용한다.

PART 1

치유의 김치와 장

제철 재료를 이용해 만든 신선한 김치는 항암 치료 후 메스꺼워진 속을 진정시켜주고 영양을 채우는 데 더없이 좋은 반찬이다. 배추나 무를 이용한 기본 김치 외에도 토마토, 콜라비, 양배추 등을 이용해 염도는 낮추고 재료 고유의 맛을 제대로 살린 김치 레시피와 모든 음식의 맛과 영양을 높여주는 특별한 장을 소개한다.

두릅물김치

"두릅은 신장이 약해 소변이 잘 나오지 않거나 부종이 심하거나 소변을 자주 보고 잔뇨감이 심한 사람이 오래 먹으면 치료 효과가 있다고 합니다. 두릅은 나물로 먹어도 맛있지만 물김치로 먹으면 별미예요."

기본 재료 두릅 300g, 홍고추 1개, 마른 고추 50g, 마늘 20g, 생강 10g, 배 ¼개, 찹쌀죽 ½컵, 다시마물 2컵, 토판염 20g

만드는 법

1 손질한 두릅은 끓는 물에 밑동 부분을 먼저 넣고 1~2분 정도 데친 후 잎 부분까지 푹 잠기도록 넣었다가 바로 체에 건져 얼음물에 담갔다가 찬물에 2~3번 헹궈 물기를 짠다.

2 마른 고추는 물에 한 번 씻은 후 길이로 4등분으로 썰고 다시마물에 넣어 충분히 불린다.

3 믹서에 홍고추와 배, 마늘, 생강, 토판염, 찹쌀죽 그리고 ②를 넣고 곱게 간다.

4 준비된 김치통에 ①의 데친 두릅을 넣고 ③의 국물을 붓는다.

5 두릅물김치는 실온에서 반나절 익혀 냉장 보관해가며 먹는다.

불미나리물김치

"자연에서 자라 특유의 향이 강하고 영양이 풍부한 불미나리의 이름은 대궁이 빨갛다고 해서 붙여졌습니다. 즙으로 짜서 약처럼 먹기도 하는데 특히 간을 해독하는 데 도움을 줍니다. 불미나리물김치는 제대로 숙성시키면 국물이 탄산수처럼 톡톡 튀고 미나리의 향기가 더해져 봄철 잃기 쉬운 입맛을 돋우는 데 안성맞춤입니다."

기본 재료 불미나리 500g, 마늘 50g, 생강 10g, 쪽파 30g, 찹쌀죽 1컵, 배 ½개, 마른 고추 40g, 토판염 20g, 홍고추 1개, 청양고추 2개, 다시마물 2컵, 생수 2ℓ

만드는 법

1 불미나리는 깨끗하게 다듬어 씻어 물기를 뺀다.
2 쪽파는 깨끗하게 다듬어 씻어 물기를 제거해 4㎝ 길이로 썬다.
3 마른 고추는 한 번 씻어 길이로 4등분해 다시마물에 넣어 충분히 불린다.
4 믹서에 껍질을 깐 배, 마늘, 생강, 찹쌀죽, 토판염 그리고 ③을 넣고 곱게 간 뒤 생수를 부어 섞는다.
5 ④의 국물은 베보자기로 짜 즙은 따로 받아두고 건더기가 담긴 베주머니는 입구를 꼭 묶어 준비한 김치통에 넣는다.
6 손질한 미나리와 쪽파를 김치통에 담고 ⑤의 걸러둔 국물을 붓는다.
7 ⑥에 길이로 갈라 씨를 제거한 후 송송 썬 홍고추와 청양고추를 넣고 실온에서 반나절 정도 익혀 냉장고에 보관해 두고 먹는다.

엄나무순김치

"사포닌이 풍부해 쌉싸래하면서도 달착지근한 맛이 있으며 식감이 두릅보다 부드러운 엄나무순은 개인적으로 좋아하는 나물 중 하나입니다. 항암과 항염, 항균 효과가 있고 무엇보다 관절염 개선에 도움을 줘 중장년층을 비롯한 노년층이 섭취해야 할 나물이기도 하고요. 엄나무순과 같은 나무에서 채취하는 목본류 나물은 데칠 때 소금을 넣으면 색이 까맣게 변하는 경우가 대부분이에요. 또 나물 자체가 열이 많아서 끓는 물에 오래 두거나 또는 덜 데쳐도 색이 까맣게 변해 나물 삶는 데 공력이 필요하지요. 엄나무순이나 두릅, 구기자순과 같은 목본류 나물은 데칠 때 나물이 푹 잠길 정도로 물을 넉넉하게 준비해야 합니다. 주걱을 이용해 나물이 뜨지 않도록 눌러가며 푹 담가 데친 뒤 얼음물에 담갔다가 물기를 짜낸 뒤 바로 냉장고에 넣어야 파란 색감이 유지됩니다. 엄나무순김치는 겉절이처럼 무쳐서 바로 먹는 김치로 쌉싸래한 엄나무순과 매콤한 양념이 봄철 입맛을 돋워주는 별미 반찬으로 손색없습니다."

기본 재료 엄나무순 300g, 파·다진 마늘 10g씩, 다진 생강 5g, 홍고추 ½개, 고춧가루·다시마물·멸치액젓 2큰술씩, 검정 통깨 약간

만드는 법

1 엄나무순은 밑동의 껍질을 벗겨낸다.
2 냄비에 나물이 충분히 잠길 정도로 물을 붓고 끓으면 엄나무순의 밑동 부분을 먼저 넣어 2~3분 정도 데친 후 잎 부분까지 잠기도록 넣고 고루 저어가며 데친다.
3 엄나무순 밑동이 살캉하게 데쳐지면 체로 건져 얼음물에 담갔다가 찬물에 2~3번 씻어 물기를 짠다.
4 볼에 송송 썬 파, 다진 마늘, 다진 생강, 송송 썬 홍고추, 고춧가루, 다시마물, 멸치액젓을 넣어 고루 섞어 김치 양념을 만든다.
5 데친 ③의 엄나무순에 ④의 양념을 넣어 고루 무치고, 검은 통깨를 뿌린다.

봄동겉절이

"배추의 겉을 감싸는 녹색 잎 부분에는 녹황색 채소와 같이 베타카로틴이 함유되어 있어요. 푸른색 잎이 대부분인 봄동은 우리 몸에서 항산화 작용을 하는 베타카로틴을 풍부하게 함유하고 있어 독성물질과 발암물질을 무력화시키는 데 도움을 줍니다. 또한 봄동과 함께 봄 하면 제일 먼저 떠오르는 달래와 냉이를 넣어 겉절이를 만들면 맛과 영양이 보다 풍성해집니다."

기본 재료 봄동 300g, 달래·냉이 20g씩, 고춧가루·집간장 3큰술씩, 배즙 2큰술, 다진 마늘 1작은술, 생강즙 약간, 거피 참깨(통깨) 1작은술

만드는 법

1 봄동은 포기가 너무 크지 않으며 잎이 통통하고 속이 꽉 찬 것을 선택해 잎을 모두 떼어 3번 정도 씻어 물기를 뺀다.

2 달래와 냉이는 뿌리 쪽을 신경 써서 다듬고 지저분한 껍질과 잎도 잘 다듬어 깨끗하게 씻어 물기를 제거한 후 3~4㎝ 길이로 썬다.

3 고춧가루, 집간장, 배즙, 다진 마늘, 생강즙을 고루 섞어 양념을 만든다.

4 손질한 봄동과 냉이, 달래에 ③의 양념을 넣어 살살 버무린 후 참깨를 뿌린다.

알배기배추파프리카백김치

"이 김치는 파프리카를 사용해 색감이 좋은 것은 물론 은은한 향이 더해져 봄철 입맛을 잃기 쉬운 항암 환자들에게 꼭 추천하고 싶은 김치 중 하나입니다. 홍갓을 약간 넣으니 국물 색이 예뻐 눈을 즐겁게 하는 김치이기도 하고요. 넉넉한 국물은 익으면 톡 쏘는 탄산미가 뛰어나 소면을 말아 먹어도 별미입니다."

기본 재료 알배기배추 5kg, 물(절임용) 2ℓ, 천일염(절임용) 600g, 파프리카 빨강·주황·노랑 1개씩, 피망 1개, 콜라비 500g, 채 썬 배 300g, 쪽파·홍갓 70g씩, 다진 마늘·찹쌀죽 100g씩, 다진 생강 10g, 새우액젓 50g, 토판염 20g, 검정 통깨 1작은술

국물 재료 생수 2ℓ, 다시마물 1컵, 다신 마늘 1큰술, 생강즙 1작은술, 토판염 30g, 새우액젓 2큰술

만드는 법

1 알배기배추 밑동에 칼집을 넣고 손으로 벌려 반으로 가른다.
2 통에 물을 붓고 천일염은 분량의 절반을 넣어 녹인 다음 ①의 배춧잎 사이사이에 끼얹어 적시고 배추 줄기 부분에 남은 천일염을 켜켜이 뿌린다.
3 큰 통을 준비해 ②의 배추를 속이 위로 올라오도록 차곡차곡 쌓고 남은 소금물을 붓는다. 1시간이 지나면 배추를 위아래로 뒤집어 1시간 정도 더 절인다.
4 절인 ③의 알배추는 흐르는 물에 헹궈 소금기를 빼고 채반에 엎어 물기를 뺀다.
5 콜라비는 솔로 문질러 씻어 0.3㎝ 굵기로 채 썰고, 피망과 색색의 파프리카도 0.3㎝ 굵기로 채 썬다. 쪽파와 홍갓은 3㎝ 길이로 썬다.
6 너른 그릇에 콜라비와 피망, 파프리카, 쪽파, 홍갓, 채 썬 배를 넣고 새우액젓, 다진 마늘, 다진 생강, 찹쌀죽, 검정 통깨를 넣고 섞은 뒤 토판염으로 간하고 다시 한 번 버무려 김칫소를 만든다.
7 재료를 모두 섞어 국물을 만든다.
8 너른 그릇에 절임 알배추를 놓고 배춧잎 사이사이에 ⑥의 소를 켜켜이 넣고 겉잎으로 배추 전체를 돌려 감싼 뒤 단면이 위로 오도록 김치통에 담는다.
9 ⑧에 ⑦의 국물을 붓고 뚜껑을 덮어 실온에서 하루 반나절 정도 익힌 후 냉장고에 넣고 먹는다.

봄동백김치

"봄동은 결구되지 않은 개장형 배추이면서 수분이 적어 질겨 김치로 담그기가 매우 까다로워요. 그러나 제대로 담가 노란색이 돌도록 익혀 먹으면 맛이 깊고 톡 쏘는 시원한 탄산감이 뛰어나 별미지요. 봄동은 베타카로틴이 풍부해 영양적으로 뛰어나면서 가격도 싸 백김치로 꼭 한 번쯤은 담가 보길 추천합니다. 봄동백김치를 담글 때는 고추씨를 넣어야 김치를 오래 보관할 수 있고 톡 쏘는 탄산감을 더할 수 있어요."

기본 재료 봄동 2㎏, 물(절임용) 1ℓ, 천일염(절임용) 200g, 콜라비·배 200g씩, 쪽파·갓 20g씩, 마늘 10g, 생강 5g, 홍고추 1개, 새우액젓 4큰술

국물 재료 찹쌀죽 ½컵, 다진 마늘 20g, 다진 생강 1작은술, 생수 1ℓ, 새우액젓 4큰술, 토판염 1작은술

만드는 법

1 봄동은 겉잎을 떼어내고 밑동에 칼집을 넣고 손으로 벌려 반으로 가른다. 통에 물을 붓고 천일염 분량의 절반을 넣어 녹인 절임물을 봄동잎 사이사이에 끼얹어 적시고 봄동 줄기 부분에 남은 천일염을 켜켜이 뿌린다.

2 통을 준비해 ①의 봄동 속이 위로 올라오도록 차곡차곡 쌓고 남은 절임물을 붓는다. 1시간이 지나면 봄동을 위아래로 뒤집어 1시간 정도 더 절인 뒤 흐르는 물에 3번 헹궈 소금기를 빼고 채반에 엎어 물기를 뺀다.

3 콜라비와 배는 껍질을 벗겨 가늘게 채 썰고 쪽파와 갓은 3㎝ 길이로 썬다. 마늘과 생강은 곱게 채 썰고 홍고추는 길이로 갈라 씨를 제거한 후 채 썬다.

4 손질해 둔 ③의 재료에 새우젓을 넣고 고루 섞어 김칫소를 만든다.

5 ②의 봄동 사이사이에 ④의 소를 켜켜이 넣고 소가 빠져나오지 않도록 겉잎으로 감싸 김치통에 차곡차곡 담는다.

6 생수에 새우액젓과 다진 마늘, 다진 생강, 찹쌀죽을 넣어 고루 섞은 뒤 체에 밭쳐 국물을 만든다. 싱거우면 토판염으로 간하고 ⑤의 김치통에 붓는다.

7 봄동백김치는 25℃의 실온에서 36시간 정도 익힌 후 냉장고에 보관해가며 먹는다.

참나물오이소박이

"향긋한 참나물은 약이라고 해도 과언이 아닐 정도로 향과 맛이 좋습니다. 참나물은 깊은 산에서도 부엽토가 풍부하고 촉촉한 곳에서만 서식해 영양도 풍부합니다. 쌈이나 나물 등으로 무쳐 먹어도 맛있지만 양념에 무친 소를 오이소박이에 넣으면 오이에 참나물의 향긋한 향이 더해져 입맛을 돋우는 여름 별미 중 하나지요."

기본 재료 오이 10개, 물(절임용) 500㎖, 천일염(절임용) 100g, 부추·참나물 100g씩, 홍고추 3개, 고춧가루 80g, 콜라비 50g, 다진 마늘 70g, 다진 생강 8g, 멸치액젓 70g, 검정 통깨 약간

만드는 법

1 오이는 천일염으로 문질러 씻은 후 쓴맛이 나는 위아래 부분을 약 1㎝ 정도 잘라낸다. 절임용 천일염과 물을 섞어 천일염이 완전히 녹으면 손질한 오이를 담가 30분 정도 절이다 오이의 위아래를 바꿔 30분 정도 더 절인다.

2 절인 오이를 물에 씻어 물기를 뺀 뒤 길이로 칼집을 세 군데 넣는다.

3 부추는 시든 잎을 떼어내고 다듬어 흐르는 물에 씻어 물기를 빼고 1㎝ 길이로 송송 썬다. 참나물도 손질해 씻고 물기를 제거해 송송 썬다. 콜라비는 곱게 채 썬다.

4 홍고추는 반으로 갈라 씨를 제거한 후 0.3㎝ 두께로 채 썬다.

5 고춧가루와 다진 마늘·생강, 멸치액젓을 넣고 고루 섞어 10분 정도 고춧가루가 불 때까지 둔다.

6 ⑤에 부추, 참나물, 콜라비, 홍고추, 검정 통깨를 넣고 고루 섞어 소를 만든 후 칼집 낸 ②의 오이 사이에 넣는다. 손에 묻은 양념은 오이 겉면에 발라주고 보관할 김치통에 차곡차곡 담아 뚜껑을 덮는다.

7 상온에서 하루 정도 숙성시킨 후 냉장 보관해가며 먹는다.

콜라비반지

"여름 무는 수분만 많고 쓴맛이 나 맛이 없어요. 이때 무 대신 저장해 둔 콜라비를 이용해 다양한 김치를 담가보세요. 콜라비는 식감이 아삭할 뿐 아니라 당도가 높아 김치로 담갔을 때 따로 설탕과 같은 화학 성분의 단맛을 가미할 필요가 없다는 것도 장점입니다. 콜라비는 비타민과 식이섬유가 풍부하고 항산화 효과도 뛰어나 항암 환자를 위한 식재료로 손색이 없습니다."

기본 재료 콜라비 6kg, 천일염(절임용) 100g

양념 재료 청양고추 10개, 홍고추 7개, 쪽파 140g, 다진 마늘 150g, 생강 20g, 배 ½개, 다시마멸치육수 1컵, 연근 50g, 감자 30g, 생수 500㎖, 새우젓 150g, 실고추·검정 통깨 약간씩

만드는 법

1 콜라비는 잎을 제거하고 껍질을 벗겨 1㎝ 두께, 사방 3㎝ 길이로 썰어 천일염을 넣어 고루 섞어 절인다. 이때 콜라비 껍질은 버리지 않는다.

2 쪽파는 다듬어 씻어 3㎝ 길이로 썬다.

3 믹서에 ①의 콜라비 껍질과 껍질을 벗긴 배, 청양고추, 홍고추, 마늘, 새우젓, 생강, 다시마멸치 육수를 넣어 곱게 간다.

4 연근과 감자는 껍질을 벗긴 후 강판에 갈아 생수를 붓고 한소끔 끓여 완전히 식힌다.

5 ③에 ④를 넣어 고루 섞고 ①의 콜라비와 ②의 쪽파를 넣어 함께 버무린 뒤 실고추와 검정 통깨를 뿌린다.

6 김치통에 콜라비김치를 담아 한나절 정도 익혀 냉장 보관한다.

양파김치

"양파김치를 담글 때는 양파 줄기까지 함께 담그면 더욱 맛있게 즐길 수 있습니다. 양파 잎은 대파 잎과 다르게 미끈거리지 않고 또 양파 뿌리 부분은 아삭한 식감이 일품이지요. 김치용 양파는 작지만 조직이 단단하고 당도가 높습니다. 한 번에 10kg 정도 담그면 4인 가족이 1년 동안 먹기에 딱 좋은 양으로, 반은 익혀 보관해 생선을 조릴 때 넣으면 별다른 양념 없이도 맛있는 생선조림을 완성할 수 있습니다. 익히지 않은 양파는 고기를 먹을 때 함께 먹으면 맛과 영양상 궁합이 좋습니다."

기본 재료

양파 2kg, 멸치액젓 1컵, 고춧가루 100g, 다시마물·찹쌀죽 ½컵씩, 새우젓 70g, 다진 마늘 30g, 다진 생강 10g, 마른 고추 간 것 50g, 간 생새우·조기젓(또는 갈치속젓) 40g씩, 토판염 약간

만드는 법

1. 양파는 뿌리 부분은 잘라내고 껍질을 벗긴 후 특히 줄기 부분은 깨끗하게 씻어 건져놓고, 작은 것은 그대로 두고 큰 양파는 뿌리 부분에 열십자로 칼집을 낸다.
2. 손질한 양파에 멸치액젓 1컵을 부어 고루 섞어 2시간 정도 절인다.
3. ②의 양파를 건져내고 남은 멸치액젓에 고춧가루, 다시마물, 찹쌀죽, 새우젓, 다진 마늘, 다진 생강, 마른 고추 간 것, 간 생새우, 조기젓, 토판염을 넣고 고루 섞어 양념을 만든다.
4. ③에 절인 ②의 양파를 넣어 고루 버무려 김치통에 담고 양념에 버무린 양파 줄기도 돌돌 말아 담는다.
5. 양파김치는 실온에서 하루 정도 익힌 후 냉장고에서 15일 정도 숙성시켜 먹는다.

대저토마토연근김치

"싱싱한 대저토마토와 아삭한 연근으로 만들어 샐러드처럼 즐길 수 있는 김치입니다. 토마토는 베타카로틴과 비타민 C를 풍부하게 함유하고 있어 항암 환자들에게는 더없이 좋은 식재료입니다. 연근에는 비타민 C와 비타민 B_1, 판토텐산 등의 비타민류와 칼륨과 같은 미네랄류가 골고루 들어 있어 위궤양 예방과 부종 해소, 빈혈 예방에 도움이 됩니다."

기본 재료 대저토마토 1kg, 연근 500g, 쪽파 20g, 청양고추·홍고추 1개씩

양념 재료 대저토마토 1개, 마른 고추 50g, 고춧가루 20g, 마늘 20g, 생강 5g, 멸치액젓 90㎖

만드는 법

1 대저토마토는 단단하고 푸른색의 덜 익은 것으로 준비해 0.3㎝ 두께로 모양대로 동그랗게 썬다.

2 연근은 껍질을 벗기고 0.3㎝ 두께로 모양대로 동그랗게 썰어 끓는 물에 30~40초 정도 데쳐 채반에 건져 완전히 식힌다.

3 대저토마토를 듬성듬성 썰어 믹서에 넣고 고춧가루를 제외한 모든 양념 재료를 함께 넣어 곱게 간다.

4 ③에 고춧가루를 넣고 고루 섞은 뒤 쪽파와 청양고추와 홍고추를 송송 썰어 넣고 다시 섞는다.

5 손질한 대저토마토와 연근을 한데 넣고 ④의 양념으로 고루 섞는다.

6 대저토마토연근김치는 만들자마자 먹어도 좋지만 하루 정도 서늘한 곳에 두었다가 냉장 보관해가며 먹는다.

래디시감자물김치

"보통 래디시는 샐러드 재료로 많이 활용하지만 물김치나 반지 등 국물이 넉넉한 김치로 담그면 더욱 맛있게 즐길 수 있습니다. 래디시에는 붉은색의 안토시안이 풍부해 항산화와 항염 작용도 뛰어나지요. 래디시를 물김치로 담글 때는 찹쌀죽 대신 감자를 갈아 죽을 쑤어 넣으면 더욱 맛있게 즐길 수 있습니다."

기본 재료 래디시 1kg, 천일염(절임용) 25g, 쪽파 20g, 청고추 2개, 홍고추 1개, 마른 고추 30g, 우리밀감자죽 200g, 마늘 20g, 생강 5g, 배즙·무즙 100g씩, 생수(국물용) 1ℓ, 토판염(국물용) 30g

만드는 법

1. 래디시는 겉잎을 떼어내고 깨끗하게 씻어 천일염으로 버무려 20분 절인 후 채반에 밭쳐 물기를 뺀다.
2. 청·홍고추는 반으로 갈라 씨를 털어내고 2~3㎝ 길이로 채 썰고, 쪽파도 2~3㎝ 길이로 썬다.
3. 믹서에 물에 씻은 마른 고추와 우리밀감자죽, 마늘, 생강, 배즙, 무즙을 넣고 곱게 간다.
4. ③에 생수를 붓고 토판염으로 간해 국물을 만든다.
5. 김치통에 절인 래디시를 넣고 ④의 국물을 붓고 청고추·홍고추, 쪽파를 넣어 반나절 정도 익힌 후 냉장 보관해가며 먹는다.

솔부추토마토가지겉절이

"여름 텃밭에서 얻을 수 있는 가지와 토마토, 애호박, 부추를 이용해 무친 겉절이입니다. 가지나 호박은 살짝 쪄서 넣으면 항암치료로 인해 잇몸이 약해진 환자분들도 맛있게 즐길 수 있어요. 저는 가끔 오이도 살짝 쪄 넣기도 합니다. 찐 채소들은 식감이 부드러울 뿐 아니라 소화도 잘되지요. 이 겉절이는 부추를 사용해 따로 파와 마늘과 같은 향신채를 넣을 필요가 없습니다. 컬러감을 더하고 싶다면 색색의 파프리카를 채 썰어 넣어도 좋아요."

기본 재료 솔부추 200g, 토마토·가지 2개씩, 애호박 50g

양념 재료 어간장 2큰술, 고춧가루 1큰술, 토판염 약간, 거피 깨소금 1큰술, 메이플시럽 1작은술

만드는 법

1 솔부추는 깨끗이 다듬어 씻은 뒤 채반에 건져 물기를 뺀다.

2 토마토는 반으로 갈라 먹기 좋은 크기로 썬다.

3 가지는 김이 오르는 찜기에 15분 정도 쪄서 식혀 7㎝ 길이로 썰어 먹기 좋게 찢어둔다.

4 애호박은 반으로 갈라 0.5㎝ 두께로 반달썰기를 해 김이 오르는 찜기에 5분 정도 쪄 식힌다.

5 재료들을 섞어 양념을 만든다.

6 솔부추, 토마토, 가지, 애호박을 한데 섞고 ⑤의 양념을 넣어 고루 버무려 겉절이를 완성한다.

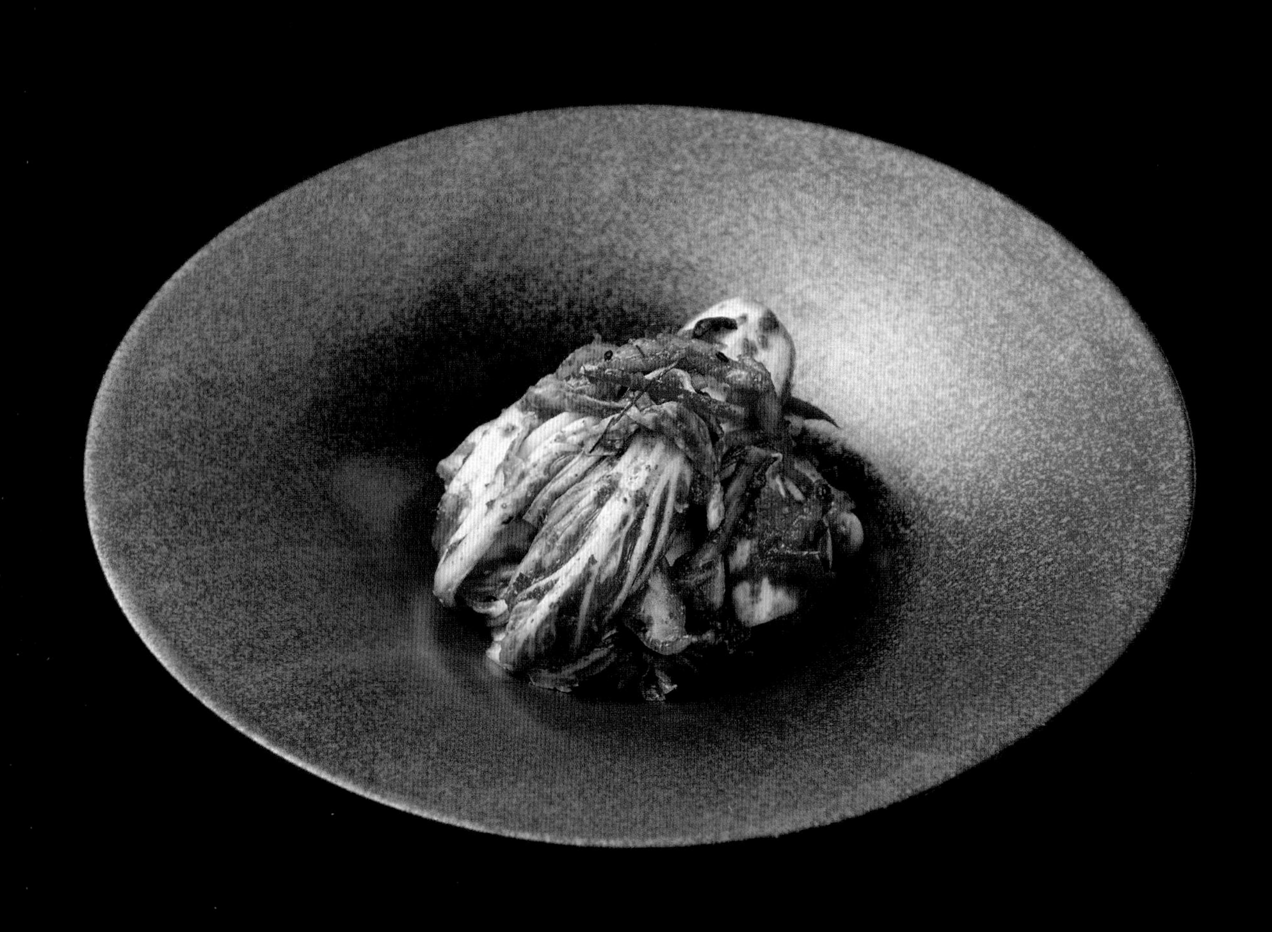

배추겉절이

"겉만 살짝 절여 샐러드같이 즐기기 좋은 배추겉절이는 입맛을 돋우기에 좋은 김치 중 하나입니다. 일반 김치와 만드는 게 비슷하지만 익히지 않고 바로 먹는 김치니까 덜 짜게 절이는 것이 중요합니다. 보통 겉절이에 참기름을 넣는 분들도 있지만 특유의 개운한 맛을 즐기고 싶다면 참기름 대신 깨소금 정도만 넣는 것이 좋습니다."

기본 재료 배추 2kg, 물(절임용) 1ℓ, 천일염(절임용) 100g, 배 200g, 쪽파·미나리·갓 40g씩, 거피 깨소금 1큰술, 실고추 약간

양념 재료 고춧가루 70g, 다진 마늘 50g, 다진 생강 10g, 찹쌀죽 30g, 다시마물 30g, 멸치액젓 50g, 새우육젓 20g, 다진 생새우 30g, 멸치 가루 5g

만드는 법

1. 배추는 밑동과 겉잎을 제거한 후 먹기 좋은 크기로 썬다.
2. 물에 천일염을 풀고 배추를 넣어 30분간 절인 뒤 물에 1번 헹궈 채반에 건져 물기를 뺀다.
3. 껍질을 깐 배는 채 썰고 쪽파, 미나리, 갓은 3㎝ 길이로 썬다.
4. 재료를 섞어 양념을 만든다.
5. 배추와 배, 쪽파, 미나리, 갓을 한데 섞은 뒤 ④의 양념을 넣어 고루 버무린다.
6. ⑤에 거피 깨소금과 실고추를 넣어 다시 한 번 버무려 완성한다.

카무트열무반지

"얼핏 보기에는 길쭉한 귀리처럼 생긴 카무트는 고대 이집트 때부터 내려온 밀의 한 종류입니다. 셀레늄을 비롯해 루테인과 아연, 식이섬유 등 다양한 영양소가 풍부하게 담겨 있어요. 식이섬유가 현미의 3배, 백미의 8배 이상 함유되어 있어 변비 해소에도 도움이 되고 콜레스테롤 수치를 낮춰줘 당뇨병 개선에 효과가 있습니다. 특히 삶아서 열무김치에 넣으면 김치가 숙성되었을 때 맛이 깔끔하고 먹었을 때 탄산처럼 쨍한 맛이 나도록 도와줍니다."

기본 재료 열무 2단, 물(절임용) 1ℓ, 천일염(절임용) 120g, 카무트 1컵, 생수 (카무트 삶기용) 7컵, 쪽파 50g, 홍고추 3개, 다시마물 2컵, 마른 고추·고춧가루 100g씩, 다진 마늘 200g, 다진 생강 15g, 멸치액섯 200g

만드는 법

1. 열무는 누런 겉잎을 떼어내고 칼끝으로 뿌리 부분을 긁어 깔끔하게 손질한 다음 깨끗하게 세 번 정도 씻는다.
2. 물에 천일염을 푼 절임물에 열무를 넣고 살살 눌러 잠기도록 해 30~40분이 지나면 위아래로 뒤집어 30분 정도 더 절인 뒤 흐르는 물에 헹궈 소금기를 빼고 채반에 엎어 물기를 뺀다.
3. 냄비에 2~3번 씻은 카무트와 생수를 붓고 20분 정도 끓여 식힌 후 믹서에 거칠게 간다.
4. 쪽파는 다듬어 씻어 물기 뺀 뒤 너른 그릇에 가지런히 담고 멸치액젓을 부어 20분 절여 숨이 죽으면 멸치액젓은 따라낸다.
5. 홍고추는 2㎝ 길이로 채 썬다.
6. 마른 고추는 물에 씻어 3~4등분해 씨를 털어내고 다시마물에 담가 20분 정도 불린 뒤 믹서에 다시마물과 함께 성글게 간다.
7. 너른 그릇에 ④에서 따라낸 멸치액젓과 ⑥의 성글게 간 마른 고추와 ③의 간 카무트 그리고 고춧가루, 다진 마늘, 다진 생강을 넣고 고루 섞어 양념을 만든다.
8. ⑦의 양념에 절인 열무와 쪽파, 홍고추를 넣고 풋내가 나지 않도록 양념을 묻히듯 버무려 김치통에 담는다.
9. 카무트열무반지는 실온에서 하루 반나절 정도 익혀 냉장고에 보관해가며 먹는다.

홍갓물김치

"홍갓의 아름다운 색이 돋보이는 물김치로 만들기도 어렵지 않고 익으면 맛이 시원하고 탄산미가 뛰어나 자주 담가 먹는 편입니다. 물김치에 들어가는 무와 미나리, 쪽파는 홍갓을 절일 때 함께 넣으면 번거롭지 않습니다. 홍갓물김치는 담근 후 맛을 보아 간이 부족하면 토판염으로 맞추면 됩니다."

기본 재료

홍갓(여수 돌산갓) 1단, 물(절임용) 1ℓ, 천일염(절임용) 100g, 무 700g, 미나리·쪽파 70g씩, 배 200g, 마늘 100g, 생강 15g, 찹쌀죽·쌀요거트 50g씩, 생수 2ℓ, 토판염 30g

만드는 법

1. 홍갓은 연한 것으로 골라 누런 겉잎을 떼어내고 깨끗하게 3번 정도 씻는다.
2. 물에 천일염을 푼 절임물에 홍갓을 넣고 살살 눌러 잠기도록 해 1시간 지나면 위아래로 뒤집어 30분 정도 더 절인 뒤 흐르는 물에 헹궈 소금기를 빼고 채반에 올려 물기를 뺀다.
3. 무는 5㎝ 길이, 1㎝ 두께로 썰어 ②의 홍갓을 절일 때 함께 넣어 1시간 정도 지나면 건져 씻어 물기를 뺀다.
4. 미나리와 쪽파는 손질해 씻어 ②의 홍갓을 절일 때 함께 넣어 1시간 정도 지나면 건져 씻어 물기를 빼 타래지어 놓는다.
5. 믹서에 찹쌀죽, 쌀요거트, 배, 마늘, 생강, 토판염을 넣어 곱게 간다.
6. 김치통에 홍갓과 무, 미나리, 쪽파를 넣고 생수를 붓는다.
7. 면포에 ⑤를 넣어 ⑥에 국물을 꼭 짜 넣은 뒤 부족한 간은 토판염으로 맞춘다.
8. 홍갓물김치는 실온에서 24시간 정도 익힌 후 냉장 보관해가며 먹는다.

오이돌산갓물김치

"오이가 들어간 물김치는 국물이 시원하고 특유의 향이 더해져 입맛을 돋우기에 좋습니다. 물김치에 들어가는 오이는 얇지 않고 통통한 것으로 해야 특유의 맛이 진하고 시원합니다. 또 찹쌀은 밥이 아닌 가루로 죽을 쑤어 넣어야 국물이 깨끗하고 빨리 시는 것도 막을 수 있어요. 향에 민감한 항암 환자를 위해 부추 대신 콜라비를 넣어 달큰하면서도 시원한 국물 맛이 나도록 했습니다. 식도나 위암, 대장암 환자의 경우 매운 것을 전혀 먹지 못하므로 고추 대신 파프리카를 넣어 부담 없이 먹을 수 있도록 하고요. 소바나 소면 등을 삶아 국물을 부어 냉면으로 먹어도 별미인 물김치입니다."

기본 재료 오이 10개, 물(절임용) 200㎖, 천일염(절임용) 50g, 빨강·노랑 파프리카 1개씩, 홍고추·청양고추 3개씩, 쪽파 50g, 돌산갓 100g, 미나리 50g, 콜라비 400g, 배 150g, 마늘 70g, 생강 15g, 우리밀감자죽 200g, 다시마물 2컵, 새우액젓 4큰술, 생수(국물용) 3ℓ, 토판염(국물용) 40g

만드는 법

1 오이는 천일염으로 문질러 씻은 후 위와 아래 부분을 약 1㎝ 정도 잘라낸다.
2 갓은 손질해 씻어서 물기를 제거한다.
3 물에 천일염을 푼 절임물에 손질한 오이를 담가 40분 정도 위아래를 뒤집어가며 골고루 절인다. 이때 오이와 함께 ②의 갓의 반을 넣어 20분 절인 뒤 물기를 뺀다.
4 절인 오이는 씻어 건져 물기를 뺀 후 오이소박이처럼 길이로 칼집을 세 군데 넣는다.
5 모든 채소는 씻어 채반에 올려 물기를 뺀다.
6 파프리카와 홍고추, 청양고추는 꼭지를 떼고 반으로 갈라 씨를 제거한 뒤 길이로 곱게 채썬다. 콜라비는 분량의 반을 곱게 채 썬다.
7 쪽파, 남은 돌산갓, 미나리는 3㎝ 길이로 썬다.
8 믹서에 남은 절반의 콜라비와 배, 마늘, 생강, 우리밀감자죽, 다시마물, 새우액젓 2큰술을 넣어 곱게 갈고 면포에 넣어 즙을 짠다. 건더기가 담긴 면포는 입구를 묶어 따로 둔다.
9 분량의 생수에 토판염을 풀어 ⑧의 즙을 섞어 국물을 만든다.
10 ⑥와 ⑦의 채소를 한데 섞어 새우액젓 2큰술을 넣고 10분 정도 절여 소를 만든다.
11 ④의 오이에 ⑩의 소를 채워 넣는다.
12 김치통에 ③의 절인 갓을 깔고 ⑪의 오이를 차곡차곡 담고 ⑨의 국물을 부은 뒤 ⑧의 건더기가 담긴 면포를 오이가 뜨지 않도록 위에 올린다.
13 오이돌산갓김치는 15℃에서 24시간 정도 익혀 냉장고에 보관해가며 먹는다.

여름 동치미

"제 고향 군산에서는 여름 동치미를 '싱거운 김치'라는 뜻을 담아 '싱건지'라고 불렀습니다. 독한 항암 치료를 받고 나면 대부분의 환자들이 입 안이 헐어 매운 것을 잘 먹지 못합니다. 그래서 고춧가루를 넣지 않고 찹쌀죽을 쑤어 맑게 여름 동치미를 담가 먹곤 했지요. 잘 익은 여름 동치미는 톡 쏘는 탄산미가 뛰어나 항암으로 매스꺼운 속을 달래기에도 더없이 좋습니다. 국수를 삶아 말아먹어도 별미고요."

기본 재료 무 2kg, 천일염(절임용) 60g, 쪽파 50g, 홍고추·청양고추 3개씩, 마늘 60g, 생강 20g

국물 재료 배·사과 1개씩, 다진 마늘 20g, 다진 생강 15g, 다시마멸치 육수, 토판염 50g, 찹쌀죽 1컵, 생수(국물용) 3ℓ

만드는 법

1. 무와 쪽파는 다듬어 씻어 물기를 뺀다.
2. 무는 5㎝ 길이로 토막 낸 후 1㎝ 굵기로 네모지게 썬다. 이때 무 자투리는 모아둔다.
3. 썬 무에 천일염을 뿌려 섞어 50분 정도 위 아래를 바꿔가며 절인다.
4. 쪽파는 ③의 무를 절일때 함께 넣어 절여 타래지어 놓는다.
5. 믹서에 껍질과 씨를 제거한 배와 사과를 넣고 다진 마늘, 다진 생강, ②의 무 자투리, 다시마멸치 육수, 찹쌀죽, 토판염을 넣고 곱게 간 후 면포에 넣어 짜 국물을 완성한다.
6. 김치통에 ③의 절인 무와 쪽파를 담는다.
7. 홍고추와 청양고추는 반으로 갈라 씨를 제거하고 1㎝ 간격으로 송송 썰고, 마늘과 생강은 편 썰어 ⑥에 넣는다.
8. ⑥에 ⑤의 국물을 붓고, 볼에 국물용 생수를 붓고 ⑤의 면포를 주물러 짠 즙도 붓는다.
9. 무가 떠오르지 않도록 ⑧의 입구를 묶은 면포를 무 위에 올린다.
10. 여름 동치미는 상온에서 하루 정도 숙성시켜 냉장고에 보관해가며 먹는다.

여름 알타리무골담초동치미

"어린 시절, 봄이 되면 집집마다 담장 앞에는 골담초꽃이 활짝 피어 있었던 기억이 생생합니다. 골담초(骨擔草)는 뼈와 관계되는 약재로 쓰여 붙여진 이름이에요. 한약재로도 많이 사용하는데 뿌리껍질을 골담근 또는 금작근이라 하여 신경통, 관절통 등의 통증을 완화하고 강심, 이뇨 작용을 촉진하는 약재로 쓰고 있죠. 골담초꽃은 꿀처럼 달콤한 향과 단맛이 있어 말려서 차로 마시면 좋고 미나리와 함께 물김치를 담가도 별미지요. 약성이 강한 골담초 뿌리를 우려 국물로 사용하는 동치미는 약용 효과도 있고 일반 동치미에 비해 숙성되었을 때 톡 쏘는 탄산미가 조금 더 강해지는 것 같아요. 여름 동치미는 알타리무와 함께 열을 내려주는 오이를 더하면 맛이 한결 더 시원해집니다."

기본 재료 알타리무 4㎏, 오이 4개, 물(절임용) 1.5ℓ, 천일염(절임용) 100g, 배 1개, 쪽파 100g, 고추씨 ½컵, 마늘 100g, 생강 30g, 갓 200g, 골담초꽃 약간, 홍고추 3개

국물 재료 다시마물 2½컵, 우리밀감자죽 200g, 골담초 뿌리 달인 물 1ℓ, 생수(국물용) 4ℓ, 토판염(국물용) 75g

골담초 뿌리 달인 물 재료 말린 골담초 뿌리 50g, 물 1.2ℓ

만드는 법

1. 알타리무는 시든 잎의 끝부분을 떼어낸 뒤 필러로 껍질을 깎아 씻은 다음 세로로 길게 이등분한다. 오이는 길이로 이등분해 십자 칼집을 넣는다.
2. 물에 천일염을 푼 절임물에 알타리무와 오이를 담가 절인다. 오이는 40분 정도 절인 후 먼저 꺼내놓고, 알타리무는 2시간 정도 절인 후 건져놓고 절인 물은 그대로 둔다.
3. 배는 껍질을 벗겨 2㎝ 두께로 채 썰고, 마늘과 생강은 편으로 썬다. 쪽파와 갓은 ②의 절임물에 20분 정도 절여 타래 지어 놓는다.
4. 말린 골담초 뿌리에 물을 넣고 20분 정도 끓여 식힌다.
5. 생수에 다시마물, 우리밀감자죽, 골담초 뿌리 달인 물을 넣고 토판염을 넣어 염도 1.3%의 국물을 만든다.
6. 고추씨는 2~3번 정도 씻어 체에 밭쳐 물기를 뺀 후 베주머니에 넣어 입구를 묶은 후 김치통 바닥에 먼저 깔아둔다.
7. ⑥에 알타리무와 절인 오이, 타래진 쪽파, 갓을 넣고 ⑤의 국물을 붓는다.
8. ⑦에 썰어놓은 배와 편 썬 마늘과 생강을 골고루 올린다.
9. 홍고추는 길이로 갈라 씨를 제거한 후 송송 썰어 넣고 골담초꽃도 보기 좋게 올린다.
10. 여름 알타리무골담초동치미는 실온에서 하룻밤 두었다가 냉장고에 넣고 15일 정도 익혀 먹는다.

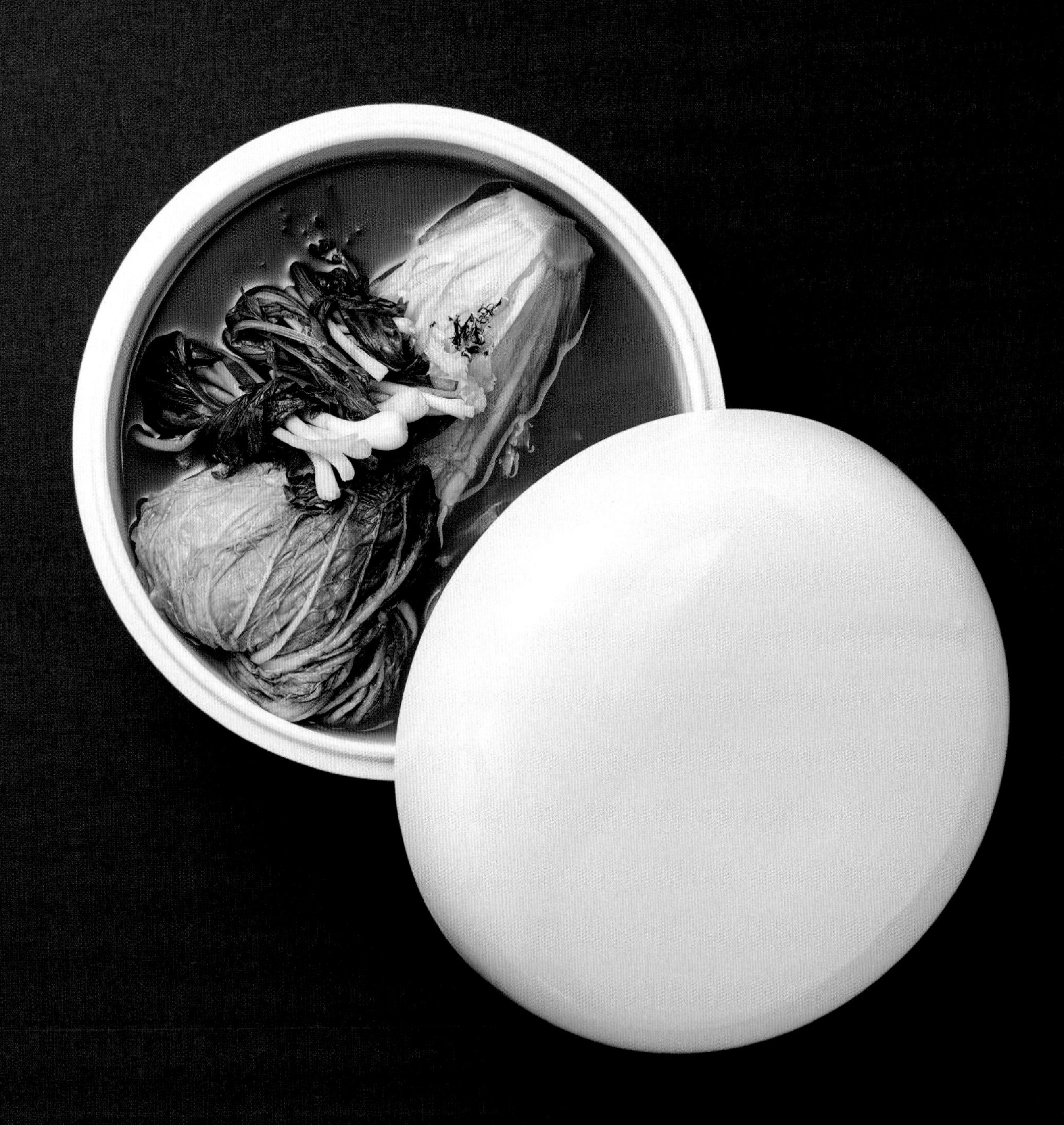

여름 배추반지

"보통의 반지에 비해 만들기는 간편하지만 맛만은 정말 특별한 여름 별미 김치 중 하나입니다. 속을 넣지 않는 대신 여름 과일이나 토마토 껍질을 벗겨 국물에 더하면 그 맛이 일품입니다. 김치와 물김치 사이의 반지는 여름에는 여러 포기를 담그기보다는 한 포기 정도 담가 그때그때 즐겨야 맛이 좋습니다."

기본 재료 배추 1포기, 물(절임용) 2ℓ, 천일염(절임용) 300g, 무 300g, 콜라비 250g, 배·사과 300g씩, 토마토 400g, 마늘 100g, 생강 20g, 쪽파·갓 60g씩, 미나리 50g, 마른 고추·마른 고추씨 80g씩, 찹쌀죽 1컵, 생수(국물용) 3ℓ, 토판염(국물용) 50g

만드는 법

1 배추 밑동에 칼집을 넣고 손으로 벌려 반으로 가른다.

2 통에 물을 붓고 천일염 분량의 반을 푼 절임물을 배춧잎 사이사이에 끼얹어 적시고 배추 줄기 부분에 남은 천일염을 켜켜이 뿌린다.

3 통을 준비해 ②의 배추를 속이 위로 올라오도록 차곡차곡 쌓고 ②의 남은 절임물을 붓는다. 3시간이 지나면 배추를 위아래로 뒤집어 2시간 정도 더 절인다.

4 쪽파와 갓, 미나리도 ③의 배추 절임물에 넣고 10분 정도 절여 타래 지어 놓는다.

5 ③의 절인 배추는 흐르는 물에 3번 정도 헹궈 소금기를 빼고 채반에 엎어 물기를 뺀다.

6 믹서에 껍질과 씨를 제거한 배, 사과, 무, 콜라비, 토마토를 썰어 넣고 마늘, 생강과 함께 곱게 간다.

7 마른 고추는 씻어 2~3조각 내 생수 1ℓ와 함께 믹서에 곱게 갈아 면포에 넣고 국물을 짠다.

8 ⑦의 국물에 생수 2ℓ를 붓고 ⑦의 면포를 담가 주물러가며 즙을 짠 뒤 토판염을 넣어 간을 맞춘다.

9 김치통에 절인 배추, 타래 지은 쪽파와 갓, 미나리를 넣고 ⑧의 국물을 붓는다.

10 고추씨는 2~3번 정도 씻어 체에 밭쳐 물기를 뺀 후 ⑦의 면포에 넣어 입구를 묶은 후 배추와 쪽파, 갓, 미나리가 떠오르지 않도록 그 위에 올린다.

11 여름 배추반지는 상온에서 반나절 정도 숙성시켜 냉장고에 보관해가며 먹는다.

고구마순물김치

"고구마줄기에 고구마죽을 쑤어 담근 물김치입니다. 이 고구마순물김치는 익으면 톡 쏘는 탄산미가 정말 일품입니다. 고구마죽이 들어가 약간 달큰한 맛이 나면서도 홍고추와 청고추를 송송 썰어 넣어 칼칼한 매운맛을 더했습니다."

기본 재료 고구마순 1.5kg, 물(절임용) 500㎖, 천일염(절임용) 1큰술, 부추 500g, 홍고추·청고추 2개씩

우리밀고구마죽 재료 고구마 1개, 토판염 1½큰술, 생수 1.5ℓ, 우리밀가루 1큰술

만드는 법

1 물에 천일염을 푼 절임물에 고구마순을 넣고 15분 정도 절인 후 껍질을 벗긴다.
2 부추는 다듬어 깨끗하게 씻어 먹기 좋은 크기로 썬다.
3 홍고추와 청고추는 길이로 갈라 씨를 털어내고 0.3㎝ 두께로 송송 썬다.
4 고구마는 껍질을 벗긴 후 강판이나 믹서에 곱게 갈아 우리밀가루를 넣어 섞는다.
5 냄비에 생수를 부어 끓으면 ④의 고구마밀가루반죽을 넣고 저어가며 한소끔 끓여 차게 식힌 후 토판염으로 간을 맞춘다.
6 고구마순과 부추, 홍고추, 청고추, 우리밀고구마죽을 넣고 고루 섞어 김치통에 담는다.
7 고구마순물김치는 실온에서 한나절 정도 익혀 냉장 보관해가며 먹는다.

고춧잎김치

"비타민과 칼슘 등이 풍부한 고춧잎은 예부터 우리 식탁에 빠지지 않고 오르는 밑반찬 중 하나였습니다. 다만 특유의 쓴맛과 향이 있어 호불호가 있지요. 이런 특유의 향과 맛을 제거하고 싶을 때는 소금물에 담가 3일 정도 숙성시키면 됩니다. 고춧잎김치에는 생젓을 넣어야 익을수록 구수하면서도 깊은 맛이 납니다. 잘 익은 고춧잎김치는 은행잎처럼 노랗게 익는데 취향에 따라 담그자마자 드셔도 좋습니다."

기본 재료 고춧잎 500g, 물(절임용) 500㎖, 천일염(절임용) 30g, 무말랭이 100g

양념 재료 고춧가루 40g, 다진 마늘 20g, 다진 생강 5g, 멸치생젓 100g, 고추씨 15g, 송송 썬 쪽파 50g, 다시마멸치 육수 ½컵

만드는 법

1. 고춧잎은 억센 부분과 꽃을 제거하고 3번 정도 씻은 후 물기를 뺀다.
2. 물에 천일염을 푼 절임물에 ①의 고춧잎을 넣고 무거운 돌 등을 올려 3일 정도 삭힌다.
3. 무말랭이는 물에 씻어서 소쿠리에 담아 30분 정도 둔다.
4. ②의 삭힌 고춧잎은 물에 2~3번 씻은 후 물기를 꼭 짜둔다.
5. 다시마멸치 육수에 나머지 재료를 넣고 섞어 양념을 만든다.
6. 고춧잎과 무말랭이에 ⑤의 양념을 넣고 고루 섞어 김치통에 담는다.
7. 고춧잎김치는 냉장고에서 2~3개월 이상 숙성시켜 먹는다.

애기통배추김치

"제 고향 군산에서는 고구마를 수확하고 나면 그 빈자리에 애기통배추를 심었어요. 길이가 20㎝ 미만의 여름 배추는 토종배추입니다. 이 토종배추로 담근 여름 김치는 여름철 입맛이 없을 때 보리밥이나 물에 만 밥과 함께 먹기 더없이 좋지요."

기본 재료 애기통배추 6kg, 물(절임용) 15ℓ, 천일염(절임용) ½컵, 쪽파·부추 30g씩, 무 50g, 콜라비 100g, 배 ½개,

양념 재료 고춧가루·마른 고추 100g씩, 우리밀감자죽·다시마물 1컵씩, 다진 마늘 60g, 다진 생강 20g, 멸치액젓 100g, 새우젓 50g

만드는 법

1 배추는 시든 잎과 겉잎을 떼어낸다.

2 물에 천일염을 푼 절임물에 배추가 잠기도록 담가 30분이 지나면 살살 앞뒤를 뒤집어 1시간 정도 더 절여 물에 씻어 채반에 건져 물기를 뺀다.

3 마른 고추는 물에 씻어 3~4등분해 씨를 털고 다시마물에 담가 20분 정도 불려 다시마물과 함께 믹서에 곱게 간다.

4 쪽파와 부추는 다듬어 씻어 넓은 그릇에 담고 양념 재료의 멸치액젓을 넣어 숨이 죽을 때까지만 살짝 절인 후 쪽파와 부추는 건져놓고 멸치액젓 국물은 따라 둔다.

5 믹서에 무와 껍질과 씨를 제거한 배, 콜라비를 썰어 넣고 곱게 간다.

6 ③에 ④의 멸치액젓 국물과 ⑤를 넣고 고춧가루, 우리밀감자죽, 다진 마늘, 다진 생강, 새우젓을 넣어 고루 섞어 양념을 만든다.

7 ⑥에 쪽파와 부추, 콜라비, 배를 넣고 고루 버무려 김칫소를 만든다.

8 절인 배춧잎 사이사이에 묻히듯 소를 살살 넣고 맨 겉에 있는 잎으로 감싼 뒤 김치통에 넣는다.

9 애기통배추김치는 실온에서 한나절 정도 익혀 냉장 보관해가며 먹는다.

과일복쌈김치

"과일복쌈김치는 절인 배추 잎에 제철 과일을 양념해 소처럼 넣은 후 국물을 부어 숙성시켜 먹는 김치입니다. 다소 손이 많이 가긴 하지만 햇과일에서 우러나는 은은한 향과 단맛이 배추와 양념과 어우러져 별미지요. 맵지 않아 아이들도 좋아하니 명절에는 과일복쌈김치로 식구들의 입맛을 사로잡아 보세요."

기본 재료 배추 3㎏, 물 2ℓ, 천일염(배춧잎 절임용) 200g, 무 300g, 천일염(배추속대 절임용) 1큰술, 천일염(무 절임용) 2큰술

부재료 미나리 200g, 쪽파 30g, 청갓 20g, 배·사과 200g씩, 단감 150g, 밤 3개, 은행 20알, 잣·검은깨 약간씩

양념 재료 간 딸기 200g, 고운 고춧가루·새우액젓 20g씩, 찹쌀죽 30g, 다진 마늘 20g, 다진 생강·토판염 1큰술씩

국물 재료 생수 2ℓ, 배즙 1컵, 토판염 26g, 다시마물 1컵

만드는 법

1. 배추는 밑동 위 5㎝ 지점을 지르고 배추 잎을 조심스럽게 떼고 속대를 500g 정도 남긴다. 물에 천일염을 풀어 배추 이파리를 2시간 정도 절인 후 흐르는 물에 2~3번 헹궈 채반에 밭쳐 물기를 뺀다.
2. 배추속대는 사방 1㎝ 크기로 썰어 천일염을 뿌려 1시간 정도 절였다가 채반에 건져 물기를 뺀다.
3. 무도 배추 두께로 사방 1.5㎝ 크기로 납작하게 썰어 천일염을 뿌려 1시간 정도 절인 다음 채반에 건져 물기를 뺀다.
4. 배, 사과, 단감, 밤은 껍질을 벗겨 배추 두께로 사방 1㎝ 크기로 납작하게 썬다. 은행은 껍질을 벗기고 잣은 고깔을 제거한다.
5. 쪽파와 갓은 손질해 씻어 물기를 제거한 후 1㎝ 길이로 썬다.
6. 모든 재료를 섞어 양념을 만든다.
7. 손질한 부재료들을 모두 섞은 뒤 ⑥의 양념을 넣어 버무려 김칫소를 만든다.
8. ①의 절인 배춧잎의 두툼한 줄기 부분은 적당히 잘라내고 부드러운 잎 부분만 남겨 배추보자기를 만든다.
9. 미나리는 잎을 떼고 줄기만 준비해 끓는 물에 살짝 데쳐 찬물에 헹궈 물기를 뺀다.
10. ⑧의 배추보자기에 ⑦의 김칫소를 30g 정도 넣고 만두 모양으로 만들어 미나리 줄기로 입구를 묶는다.
11. 김치통에 과일복쌈김치를 넣고 국물 재료를 섞어 만든 국물을 붓는다.
12. 과일복쌈김치는 상온에서 1일 익힌 뒤 냉장고에 넣어 3~4일 후부터 꺼내 먹는다.

우엉김치

"우엉을 껍질째 얇게 썰어 무친 우엉김치입니다. 우엉을 삶거나 볶지 않고 얇게 썰어 뜨거운 물에 살짝 헹군다는 느낌으로 데쳐 매콤한 김치 양념을 더해 만들지요. 우엉의 아삭한 식감은 살리고 열을 가하면 파괴되는 영양 손실을 막을 수 있는 메뉴 중 하나입니다. 우엉의 껍질에는 리그닌이라는 면역력을 높이는 성분이 함유되어 있어 껍질을 필러로 벗기는 것보다 흐르는 물에 솔로 살살 닦거나 칼등으로 가볍게 껍질을 벗기는 게 좋습니다."

기본 재료 우엉 200g, 마늘 1쪽, 고춧가루 2작은술, 찹쌀죽 · 집간장 1작은술씩, 다진 파 · 통깨 약간씩

만드는 법

1. 우엉은 흐르는 물에 씻어 껍질에 붙은 흙을 제거한 후 칼등으로 껍질을 살살 벗긴다.
2. 우엉은 모양대로 0.1㎝ 두께로 어슷썰어 끓는 물에 2~3초 정도 데친 뒤 물기를 뺀다.
3. 재료를 섞어 양념을 만든다.
4. ③의 양념에 우엉을 넣어 가볍게 버무린다.

고추김치

"오래전부터 서리가 오기 전에 딴 끝물 고추로 김치를 담가 먹었습니다. 노랗게 잘 익은 고추김치는 그냥 먹어도 맛있고 다양한 요리의 양념으로 다져서 넣어도 별미입니다. 예전에는 고추를 소금물에 삭혀서 양념해 고추김치를 담갔지만 요즘은 짜게 먹지 않으므로 생고추를 양념에 바로 버무려 냅니다. 고추김치를 담글 고추는 고추 밑 부분 위 2~3㎝ 지점을 아주 작은 포크로 구멍을 내야 양념도 잘 스며들고 발효도 잘 됩니다. 고추김치에는 액젓 대신 생젓을 넣어야 더 구수하고 깊은 맛이 납니다. 또 고추와 함께 말린 고추씨를 따로 넣으면 개운하면서도 영양도 더욱 풍부해지지요. 소화가 잘 안 되는 분들이라면 고추씨를 분쇄기에 갈아 넣어도 좋습니다."

기본 재료 고추 1㎏, 쪽파 70g

양념 재료 고춧가루 100g, 고추씨 50g, 다진 마늘 40g, 다진 생강 10g, 멸치생젓 100g, 조기젓·멸치액젓 50g씩, 다시마멸치 육수 ½컵

만드는 법

1 고추는 끝물을 구입해 깨끗하게 씻어 물기를 제거한 후 포크로 고추 끝부분을 찍어 구멍을 낸다.
2 쪽파는 5㎝ 길이로 썬다.
3 재료를 섞어 양념을 만든다.
4 고추와 쪽파를 한데 섞고 양념을 넣어 고루 버무린 후 김치통에 담는다.
5 고추김치는 15℃ 실온에 36시간 두었다가 냉장고에 넣어 3개월 정도 숙성시켜 먹는다.

콜라비면역백김치

"배추 외에도 면역력 증진에 도움이 되는 콜라비를 부재료로 사용하고 뛰어난 항암 효과를 가지고 있는 꼬리겨우살이를 우린 국물을 사용한 백김치입니다. 새우젓을 다져 넣는 대신 새우젓과 생수를 1:1로 넣고 달여 건더기는 건지고 액젓만 받아 식힌 새우액젓을 사용해 깔끔한 맛이 나지요."

기본 재료 배추 2포기(또는 절임 배추 4kg), 물(절임용) 4ℓ, 천일염(절임용) 600g

부재료 콜라비 1kg, 배채 500g, 밤채 20g, 석이버섯 10g, 갓 50g, 쪽파 100g, 미나리 60g, 마늘 30g, 생강 10g, 찹쌀죽 200g, 새우액젓 8큰술, 토판염 1큰술, 실고추 5g

국물 재료 생수 3ℓ, 새우액젓 4큰술, 말린 겨우살이 10g, 다진 마늘 30g, 생강즙 1작은술, 토판염 40g

만드는 법

1 배추 밑동에 칼집을 넣고 손으로 벌려 반으로 가른다.
2 통에 물을 붓고 천일염 분량의 절반을 풀어 배춧잎 사이사이에 끼얹고 배추 줄기 부분에 남은 천일염을 켜켜이 뿌린다.
3 통을 준비해 ②의 배추를 속이 위로 올라오도록 차곡차곡 쌓고 남은 소금물을 붓는다. 3시간이 지나면 배추를 위아래로 뒤집어 다시 2시간 정도 절인다.
4 절인 배추는 흐르는 물에 3~4번 헹궈 소금기를 빼고 채반에 엎어 물기를 뺀다.
5 콜라비는 솔로 문질러 씻어 0.3㎝ 굵기로 채 썰고 껍질과 씨를 제거한 배도 0.3㎝ 굵기로 채썬다. 마늘·생강·밤·석이버섯은 곱게 채 썬다. 쪽파와 미나리·갓·실고추는 3㎝ 길이로 썬다.
6 ⑤의 손질해 둔 부재료에 찹쌀죽, 새우액젓, 토판염을 넣고 간을 맞춰 소를 만든다.
7 생수 500㎖를 끓여 손질한 겨우살이를 담가 30분 정도 우린다.
8 생수 2.5ℓ에 ⑦의 겨우살이 우린 물과 토판염, 새우액젓과 다진 마늘, 생강즙을 섞어 체에 거른 뒤 싱거우면 토판염으로 간하고 국물을 한 번 더 체에 거른다.
9 절인 배춧잎 사이사이에 ⑥의 소를 켜켜이 넣고 겉잎으로 배추 전체를 돌려 감싼 뒤 단면이 위로 오도록 김치통에 담고 푸른 겉잎을 덮어 공기가 통하지 않도록 누른 뒤 ⑧의 국물을 붓는다.
10 콜라비면역백김치는 실온에서 24시간 정도 익힌 후 냉장고에 넣어 10일 정도 숙성시켜 먹는다.

홍시포기김치

"김치 양념에 제철 홍시를 넣으면 설탕을 넣지 않아도 풍미 있는 천연 단맛을 더할 수 있습니다. 아직 단맛이 제대로 들지 않은 가을배추로 김치를 담글 때 홍시를 양념에 넣으면 풍부한 단맛과 향이 더해져 훨씬 맛있는 김치가 됩니다. 또 홍시에 함유되어 있는 플라보노이드, 카테킨 등 다양한 항산화 성분들은 항암에도 도움이 됩니다."

기본 재료 배추 6㎏, 물(절임용) 4ℓ, 천일염(절임용) 600g, 무 700g, 배 ½개, 쪽파·미나리·갓 70g씩

양념 재료 홍시 700g, 생수 300㎖, 토판염 50g, 고춧가루 150g, 다시마물·찹쌀죽 1컵씩, 다진 마늘 150g, 다진 생강 20g

만드는 법

1. 배추 밑동에 칼집을 넣고 손으로 벌려 반으로 가른다.
2. 통에 물을 붓고 천일염 분량의 절반을 풀어 배춧잎 사이사이에 끼얹어 적시고 배추 줄기 부분에 남은 천일염을 켜켜이 뿌린다.
3. 큰 통을 준비해 ②의 배추를 속이 위로 올라오도록 차곡차곡 쌓고 남은 절임물을 붓는다. 5시간이 지나면 배추를 위아래로 뒤집어 5시간 정도 더 절인다.
4. ③의 절인 배추는 흐르는 물에 3번 헹궈 소금기를 빼고 채반에 엎어 3시간 정도 물기를 뺀다.
5. 껍질을 벗긴 무와 배는 0.5㎝ 두께로 채 썰고 쪽파, 미나리, 갓은 4㎝ 길이로 썬다.
6. 홍시는 껍질을 벗기고 씨를 제거해둔다.
7. 생수에 토판염을 녹이고 ⑥의 홍시와 나머지 재료를 넣어 섞어 양념을 만든다.
8. ⑦의 양념에 채 썬 무와 배, 쪽파, 미나리, 갓을 넣고 고루 버무려 김칫소를 만든다.
9. 절인 배춧잎 사이사이에 ⑧의 소를 켜켜이 넣고 겉잎으로 배추 전체를 감싼 뒤 단면이 위로 오도록 김치통에 담고 푸른 겉잎으로 덮어 꼭꼭 눌러 공기가 통하지 않도록 한다.
10. 홍시포기김치는 실온에서 36시간 익힌 후 냉장고에 넣어 15일 정도 숙성시켜 먹는다.

항암해물반지

"전통 김치인 사연지(고춧가루를 넣지 않고 새우로 국물을 낸 백김치) 레시피를 기반으로 현대식으로 재해석해 완성한 김치입니다. 떡국이나 찰밥과 함께 먹기에 좋으며 시원하면서도 감칠맛이 뛰어난 김치지요. 겨울철에 입맛이 없는 항암 환자들의 입맛을 돋우는 것은 물론 풍부한 유산균과 식이섬유 그리고 해물을 더해 단백질까지 보충하니 영양적으로도 완벽한 김치입니다."

기본 재료 절임 배추 5~6kg

부재료 무 1kg, 배 500g, 사과 200g, 밤 20g, 석이버섯 10g, 대추 20g, 쪽파 80g, 미나리 50g, 갓 60g, 청각 20g, 조기 150g, 대하 100g, 마늘 20g, 생강 10g

양념 재료 찹쌀죽 1컵, 새우액젓 8큰술, 토판염 15g, 실고추 10g

국물 재료 마른 고추 80g, 생수 2ℓ, 새우액젓 5큰술, 다진 마늘 30g, 생강즙 15g, 토판염 40g

육수 재료 대하 100g, 대파 70g, 무 100g, 국물용 멸치 50g, 다시마 20g, 생수 2ℓ

감초물 재료 감초 40g, 물 2ℓ

만드는 법

1 절임 배추는 흐르는 물에 헹군 뒤 채반에 엎어 물기를 뺀다.
2 무와 배, 사과는 껍질을 벗기고 0.2㎝ 굵기로 채 썬다. 쪽파·미나리, 갓은 다듬어 3㎝ 길이로 썬다. 청각은 잘게 다진다. 마늘과 생강, 밤, 대추, 불린 석이버섯은 곱게 채 썬다.
3 조기와 대하는 손질해 분량의 재료를 넣어 끓인 감초물에 살짝 데쳐 먹기 좋게 포를 떠서 새우액젓을 각각 조금씩 넣어 조물조물 무쳐 둔다.
4 냄비에 육수 재료를 모두 넣고 끓기 시작한 후 10분 뒤에 다시마를 건져내고 나머지 재료는 40분 정도 더 끓인 후 건더기는 걸러내고 식힌다.
5 손질해 놓은 ②의 부재료에 양념을 넣고 고루 버무려 소를 만든다.
6 너른 그릇에 ①의 배추를 넣고 배추 사이사이에 버무린 ⑤의 소를 켜켜이 넣은 다음 ③의 조기와 대하를 배추 사이사이에 골고루 넣는다. 소가 빠져나오지 않도록 겉잎으로 감싸 김치통에 차곡차곡 담는다.
7 마른 고추는 물에 씻어 2~3조각으로 갈라 씨를 털어내고 ④의 육수 300㎖와 함께 믹서에 곱게 간 뒤 면포에 넣어 국물을 짠다.
8 ⑦의 국물에 나머지 국물 재료를 넣고 ④의 남은 육수를 섞어 만든 국물을 ⑥의 김치통에 붓는다.
9 항암해물반지는 실온에서 36시간 익힌 후 냉장고에서 10일 숙성시켜 먹는다.

전복대하김치

"보통 김치보다 소금 양을 3분의 1로 줄여 배추를 절여 염도는 낮고 싱싱한 전복과 대하를 넣어 시원한 맛이 일품인 김치입니다. 전복과 대하가 들어가 단백질을 보충해주고 특유의 감칠맛을 더해 항암 치료 후 입맛이 없을 때 먹으면 좋지요. 김치에 들어가는 전복과 대하는 깨끗하게 손질해 감초물에 살짝 데쳐 사용하면 비린 맛이 덜하고 보다 위생적입니다."

기본 재료 배추 6㎏, 물(절임용) 4ℓ, 천일염(절임용) 600g

부재료 무 500g, 배 100g, 쪽파·미나리·갓 70g씩, 전복·대하 100g씩, 청각 15g, 검은깨·실고추 약간씩

양념 재료 고춧가루 200g, 다진 마늘 100g, 다진 생강 15g, 다시마물 2컵, 찹쌀죽 2컵, 새우젓·멸치액젓 100g씩, 조기젓 30g

감초물 재료 감초 5g, 물 적당량

만드는 법

1. 배추 밑동에 칼집을 넣고 손으로 벌려 반으로 가른다.
2. 통에 물을 붓고 천일염 분량의 절반을 넣어 녹인 다음 배춧잎 사이사이에 끼얹어 적시고 배추 줄기 부분에 남은 천일염을 켜켜이 뿌린다.
3. 통을 준비해 ②의 배추를 속이 위로 올라오도록 차곡차곡 쌓고 남은 절임물을 붓는다. 4~5시간이 지나면 배추를 위아래로 뒤집어 다시 5시간 정도 절인다.
4. 절인 배추는 3~4번 헹궈 소금기를 빼고 채반에 엎어 물기를 뺀다.
5. 전복과 대하는 옅은 소금물에 깨끗하게 씻어 내장과 껍질을 제거하고 감초물에 살짝 데친 후 전복은 먹기 좋은 크기로 썰고, 대하는 곱게 다진다.
6. 무와 배는 껍질을 벗기고 0.2㎝ 굵기로 채 썬다. 쪽파와 미나리, 갓은 다듬어 씻어 3㎝ 길이로 썬다. 청각은 잘게 다진다.
7. 새우젓과 조기젓을 다져 나머지 재료들과 섞어 양념을 만든 뒤 ⑤와 ⑥의 손질한 부재료를 넣어 함께 버무려 소를 완성한다.
8. 절인 배춧잎 사이사이에 ⑦의 소를 넣고 겉잎으로 배추 전체를 돌려 감싼 뒤 김치통에 단면이 위로 오도록 담고 푸른 겉잎으로 덮어 꼭꼭 눌러 공기가 통하지 않도록 한다.
9. 전복대하김치는 실온에서 24시간 정도 익힌 후 냉장고에 보관해가며 먹는다.

찰기장알타리김치

"찹쌀죽 대신 찰기장을 불려 죽을 써 담근 김치는 구수한 향이 더해져 별미입니다. 찰기장엔 단백질과 비타민도 풍부해 찰기장알타리김치는 항암 환자를 위한 음식으로 추천할 만합니다. 알타리김치에는 쪽파를 넣어야 더욱 맛있는데 쪽파는 멸치액젓에 먼저 담갔다가 넣으면 따로 절일 필요 없이 간이 잘 배어 맛을 돋워줍니다."

기본 재료 알타리무 5kg, 물(절임용) 2ℓ, 천일염(절임용) 550g, 쪽파 200g

양념 재료 고춧가루 1컵, 마른 고추 70g, 다시마물 1컵, 찰기장죽 400g, 멸치액젓 170g, 새우젓 60g, 멸치생젓 60g, 다진 마늘 150g, 다진 생강 15g, 토판염 5g

만드는 법

1 알타리무의 밑동과 잔털을 제거하고 솔로 문질러 깨끗하게 씻는다.

2 물에 천일염을 푼 절임물에 손질한 알타리무를 세워 2시간 정도 절인 뒤 무청까지 담가 1시간 정도 더 절인다. 무가 휘어질 정도로 절여지면 2~3번 정도 헹군 뒤 채반에 건져 물기를 뺀다.

3 쪽파는 다듬은 뒤 깨끗이 씻어 멸치액젓을 넣어 절인 뒤 30분 뒤에 국물은 따라내고 쪽파는 건져낸다.

4 마른 고추는 물에 씻어 3~4등분해 씨를 털고 다시마물에 20분 정도 불린 뒤 믹서에 다시마물과 함께 곱게 간다.

5 ③의 따라낸 멸치액젓에 ④의 곱게 간 마른 고추와 나머지 양념 재료를 넣어 고루 섞은 뒤 10분 정도 두어 고춧가루를 불린다.

6 절인 알타리무와 쪽파를 가지런히 놓고 ⑤의 양념을 바르듯 고루 버무린다.

7 ⑥의 알타리무는 한 번씩 먹을 분량만큼 무청과 쪽파로 돌돌 말아 타래지어 김치통에 차곡차곡 담는다.

8 절인 무청 겉잎으로 맨 위를 꼼꼼히 덮은 다음 뚜껑을 닫는다.

9 찰기장알타리김치는 실온에서 24시간 익히고 냉장고에서 15일 정도 숙성시켜 먹는다.

전통 동치미

"항암이나 방사선 치료를 한 후에는 메슥거림으로 인해 밥을 먹기조차 힘들어 하는 분들이 많아요. 이럴 때 전통 방식으로 담근 잘 익은 동치미를 드리면 죽을 먹던 분들도 밥을 먹을 수 있을 정도로 입맛을 되살릴 수 있습니다. 특히 무 중에서도 천수무는 단단하고 단맛이 나며 크기도 적당해 동치미를 담그기에 더없이 좋습니다. 숙성을 잘 시킨 동치미는 탄산미가 뛰어나고 개운한 맛으로 누구나 좋아할 만한 겨울 별미 중 하나입니다."

기본 재료 천수무 5kg, 물(절임용) 2ℓ, 천일염(절임용) 300g

부재료 쪽파·미나리 60g씩, 청갓·청각 70g씩, 배 800g, 마늘 120g, 생강 20g

국물 재료 생수 8ℓ, 토판염 110g, 찹쌀죽 200g, 다시마물 400㎖, 다진 마늘 30g, 생강즙 1큰술

만드는 법

1. 천수무는 무청을 제거하고 잔털과 밑동을 손질해 깨끗하게 씻어 길이로 칼집을 한 번 낸다.
2. 물에 천일염을 풀어 ①의 무를 넣어 1일 정도 절여 흐르는 물에 헹궈 채반에 밭쳐 물기를 뺀다.
3. 쪽파, 미나리, 청갓, 무청은 ②의 무를 넣은 절임물 한편에 넣어 숨이 죽을 정도로 20분 절였다가 흐르는 물에 헹궈 물기를 뺀다.
4. 청각은 물에 불려 깨끗한 물이 나올 때까지 물을 바꿔가며 주물러 씻는다.
5. 배는 껍질째 8등분으로 썰어 씨를 제거한다. 마늘과 생강은 편으로 썬다.
6. 절인 쪽파와 미나리, 청갓은 보기 좋게 타래진다. 이때 청각도 조금씩 나누어 함께 타래지어 놓는다.
7. 국물 재료 중 찹쌀죽은 믹서에 간다. 생수에 토판염, 다시마물, 간 찹쌀죽, 다진 마늘, 생강즙을 넣고 고루 섞어 국물을 만든다.
8. 김치통에 절인 무를 비롯한 부재료를 모두 넣고 ⑦의 국물을 체에 밭쳐 부은 뒤 절인 무청이나 배춧잎, 갓잎을 올려 공기가 통하지 않도록 한다.
9. 동치미는 15℃의 상온에서 3~4일 정도 익힌 후 냉장고에서 20일 숙성시킨다.

게걸무김치

"우리나라의 토종 무로 게걸스럽게 먹을 만큼 맛있다고 하여 게걸무라고 불렸다고 합니다. 일반 흰 무보다 수분 함량이 적어 더 단단하며 매운맛도 더 강하지요. 무와 순무, 배추 뿌리를 섞어놓은 듯한 맛과 식감을 가지고 있어요. 육질이 단단해 몇 년이 지나도 잘 무르지 않아 겨울에 담가 여름철에 입맛이 없을 때 입맛을 돋워주는 특별한 김치입니다. 게걸무김치는 생젓갈이 들어가야 맛이 좋은데 특히 멸치생젓과 그 맛이 가장 잘 어울립니다. 보통 여름 김치는 밀가루죽, 겨울 김치는 찹쌀죽을 넣어 김치를 담그는데 게걸무김치에는 차조죽을 넣어 구수한 맛이 일품이지요."

기본 재료 게걸무 5kg, 물(절임용) 2ℓ, 천일염(절임용) 500g, 쪽파 200g

양념 재료 멸치액젓 170g, 다시마물 1컵, 차조죽 200g, 마른 고추 70g, 고춧가루 1컵, 멸치생젓 50g, 다진 마늘 200g, 다진 생강 20g, 멸치가루 1큰술

만드는 법

1 게걸무는 누런 겉잎은 떼어내고 무청은 그대로 남겨둔 채 뿌리의 잔털을 제거한 후 칼등으로 긁어 껍질을 벗기고 깨끗하게 씻어 물기를 뺀다.

2 물에 천일염을 푼 절임물에 손질한 게걸무를 4시간 정도 담가 무가 휘어질 정도로 절여지면 3번 정도 헹궈 채반에 밭쳐 물기를 뺀다.

3 쪽파는 다듬어 씻어 양념 재료의 멸치액젓에 30분 정도 절인 후 쪽파는 건져내고 멸치액젓은 따로 둔다.

4 마른 고추는 물에 씻어 2~3조각으로 갈라 씨를 털어내고 다시마물과 함께 믹서에 넣어 거칠게 간다.

5 ④에 ③의 멸치액젓과 고춧가루를 넣어 섞고 나머지 양념 재료를 넣어 섞은 뒤 10분 정도 두어 고춧가루를 불린다.

6 절인 게걸무와 쪽파를 가지런히 놓고 ⑤의 양념을 바르듯 골고루 버무린다.

7 무청과 쪽파를 무에 돌돌 말아 타래지어 김치통에 차곡차곡 담은 뒤 남은 무청으로 위를 덮고 꼭꼭 누른다.

8 게걸무김치는 상온에서 36시간 익힌 후 냉장고에서 20일간 숙성시켜 먹는다.

토종배추 가난한 김치

"토종배추로 만든 김치로 김치소를 많이 넣지 않아 오히려 시원하고 담백한 맛이 일품입니다. 고춧가루도 적게 넣고 부재료나 양념도 일반 김치의 절반 정도만 넣는 가난한 보릿고개 시절 먹던 추억의 김치로 만들기도 수월하지요."

기본 재료 토종배추 5kg, 물(절임용) 3ℓ, 천일염(절임용) 400g, 무 500g, 갓·미나리·쪽파 100g씩

양념 재료 다시마물·찹쌀죽 1컵씩, 고춧가루·다진 마늘 150g씩, 다진 생강 20g, 조기젓 국물 80g, 멸치액젓 60g, 다진 새우젓 140g

만드는 법

1 토종배추 밑동에 칼집을 넣고 손으로 벌려 반으로 가른다.

2 통에 물을 붓고 천일염 분량의 절반을 풀어 배춧잎 사이사이에 절임물을 끼얹어 절이고 배추 줄기 부분에는 남은 천일염을 켜켜이 뿌린다.

3 큰 통을 준비해 ②의 배추를 속이 위로 올라오도록 차곡차곡 쌓고 남은 절임물을 붓는다. 3시간이 지나면 배추를 위아래로 뒤집어 2시간 정도 더 절인다.

4 ③의 절인 배추는 흐르는 물에 3번 헹군 뒤 채반에 엎어 물기를 뺀다.

5 무는 채 썰고, 갓, 미나리, 쪽파는 3㎝ 길이로 썬다.

6 재료를 섞어 양념을 만든 뒤 손질한 ⑤를 넣고 고루 버무려 김칫소를 만든다.

7 ④의 토종배춧잎 사이사이에 ⑥의 김칫소를 골고루 발라 단면이 위로 오도록 김치통에 담고 푸른 겉잎으로 덮어 공기가 통하지 않도록 한다.

8 토종배추 가난한 김치는 15℃의 상온에서 4일 정도 익힌 후 냉장고에 보관해가며 먹는다.

해물섞박지

"해물섞박지는 반지 류의 김치로 보통의 김치와 물김치의 중간 정도로 국물이 있게 만듭니다. 겨울이 제철인 전복, 낙지, 소라, 굴 등을 넣어 만들면 익었을 때 탄산감과 감칠맛이 뛰어납니다. 고문헌에 등장하는 전통 김치로 염도를 낮춰 암환자들을 위한 해물섞박지 레시피로 만들었습니다. 해물섞박지는 보통 김치에 비해 맵지 않고 국물도 많아 자극적이지 않으면서 입맛을 돋우기에 더없이 좋습니다. 또한 김치에 들어 있는 유산균인 락토바실러스균은 산에 강하고 열에 의해 죽어도 생균과 마찬가지로 설사 방지 효과가 있습니다."

기본 재료 절인 배추 3kg, 절인 무 1.5kg, 절인 오이 500g, 절인 가지·절인 동과(또는 절인 콜라비) 1kg씩, 낙지 300g, 전복·소라·굴 200g씩, 생새우 120g, 무채 1.3kg, 미나리·쪽파·갓 100g씩, 삭힌 고추(고명용) 80g, 배(고명용) 500g, 통대추(고명용) 30g

양념 재료 고춧가루 100g, 고운 고춧가루 50g, 다진 마늘 120g, 다진 생강 20g, 새우젓 60g, 토판염 15g

국물 재료 황석어젓 국물 2ℓ, 생수 3ℓ, 다시마물 2컵, 배즙 2컵, 새우액젓 120g, 토판염·다진 마늘 70g씩, 다진 생강 10g, 고운 고춧가루 100g

감초물 재료 감초 40g, 물 2ℓ

황석어젓 국물 재료 황석어젓갈·밴댕이젓갈 20g씩, 생수 2ℓ

만드는 법

1. 절인 배추는 밑동에 칼집을 넣어 4등분한다.
2. 절인 무는 각각 8등분하여 잘게 칼집을 내고, 절인 오이는 각각 3등분하여 중간에 칼집을 낸다. 가지는 길이로 반으로 자르고 다시 가로로 반으로 자른다. 절인 동과(또는 콜라비)는 껍질을 깎아 무와 비슷한 크기로 썰어둔다.
3. 낙지, 전복, 소라, 생새우는 분량의 재료를 넣어 끓인 감초물에 살짝 데쳐 잘게 썰어 준비한다. 굴은 소금물에 흔들어 씻어 체에 밭쳐 물기를 뺀다.
4. 미나리, 쪽파, 갓은 손질해 씻어 물기를 제거한 뒤 2㎝ 길이로 썬다.
5. 재료를 섞어 양념을 만들고 ③과 ④, 무채를 넣어 버무려 김칫소를 만든다.
6. 배춧잎 사이사이에 ⑤의 소를 넣고 겉잎으로 배추 전체를 돌려 감싼다.
7. 생수에 황석어젓갈과 밴댕이젓갈을 넣어 하룻밤 정도 두었다가 건더기는 건져내고 황석어젓 국물을 만들고 여기에 나머지 재료를 섞어 국물을 완성한다.
8. 배는 껍질과 씨가 있는 중심 부분을 제거하고 8등분한다.
9. 김치통에 소를 넣은 ⑥의 배추를 단면이 위로 오도록 담고 절인 무와 오이, 가지, 동과를 차례대로 넣은 뒤 배추의 푸른 겉잎으로 덮는다.
10. ⑨에 ⑦의 국물을 면포에 걸러 넣고 삭힌 고추, 배, 통대추를 고명으로 올린다.
11. 해물섞박지는 실온에서 24시간 익힌 후 냉장고에서 10일 숙성시켜 먹는다.

감태김치

"플로로타닌이 풍부해 천연 수면제라고 불리는 감태는 외국에서는 다양하게 가공해 판매하고 있을 만큼 건강을 위한 최고의 식재료 중 하나입니다. 감태는 쓴맛이 날수록 최상품인데 젓갈과 같이 김치에 들어가는 부재료로 넣으면 쓴맛이 감칠맛으로 바뀝니다. 알긴산과 엽산, 비타민이 풍부해 위장이 나쁘거나 빈혈이 있는 분들에게는 더없이 좋은 식재료이지요. 집간장과 멸치액젓 그리고 조기젓, 파, 마늘, 깨소금, 실고추를 넣어 무치면 건강을 챙기고 입맛을 돋울 수 있는 겨울철 최고의 별미 김치 중 하나입니다."

기본 재료 감태 500g, 다시마멸치 육수 1컵, 멸치액젓 1큰술, 집간장 1작은술, 다진 마늘 20g, 다진 생강 5g, 쪽파 20g, 깨소금 1작은술, 고춧가루 2작은술, 굵은 소금 약간

만드는 법

1 감태는 굵은 소금을 약간 넣고 바락바락 주물러가며 물에 여러 번 헹궈 채반에 담아 물기를 뺀다.

2 쪽파는 송송 썰어둔다.

3 볼에 ①의 감태와 다시마멸치 육수, 멸치액젓, 집간장, 다진 마늘, 다진 생강, 송송 썬 쪽파, 고춧가루, 깨소금을 넣고 고루 버무린다.

개성보김치

"시원한 국물이 일품인 보김치는 다른 김치처럼 액젓이나 젓갈을 다양하게 사용하지 않고 새우와 물을 달여 만든 새우액젓만으로 간해야 맑고 담백한 맛이 납니다."

기본 재료 배추 2포기(6kg), 물(절임용) 2ℓ, 토판염(절임용) 300g, 미나리(묶을 끈) 35줄기

부재료 무 300g, 쪽파·미나리·갓 40g씩, 배 1개, 대하(포 뜬 것) 100g

양념 재료 다진 마늘 30g, 다진 생강 5g, 고춧가루 40g, 새우액젓 80g

고명 재료 미나리·홍고추 15g씩, 밤 30g, 석이버섯·실고추 3g씩, 단감 ½개, 잣(실백) 20g

국물 재료 소고기 사태 300g, 생수(사태 삶는 용) 3ℓ, 새우액젓 50g, 새우젓 국물 20g

만드는 법

1. 배추는 밑동 위 3㎝ 지점을 자르고 배춧잎을 15장 떼어낸다. 남은 배추는 밑동 부분을 반으로 갈라 토판염 푼 절임물에 넣어 뒤집어가며 8시간 정도 절인 후 흐르는 물에 3번 헹궈 채반에 밭쳐 물기를 뺀다.
2. 소고기 사태는 끓는 생수에 넣고 1시간 30분 삶아 식혀 육수를 면보에 걸러 새우액젓과 새우젓 국물로 간해 국물을 만든다.
3. 무와 배는 0.5㎝ 두께 5㎝ 길이로 채 썰고, 쪽파와 미나리, 갓은 2㎝ 길이로 썬다. 이때 미나리의 가는 부분은 따로 둔다. 대하는 손질해 2㎝ 길이로 포를 뜬다.
4. 단감은 껍질을 벗겨 사방 3㎝ 길이 0.3㎝ 두께로 네모지게 썰고, 홍고추는 반으로 갈라 씨를 제거하고 채 썬다. 석이버섯과 밤은 가늘게 채 썬다.
5. 단감을 제외한 고명 재료는 한데 섞고, 김치를 묶을 미나리는 잎을 떼고 소금물에 절인다.
6. 밑면과 윗면의 너비가 동일한 크기의 밥공기를 준비해 아래에 미나리 끈을 열십자로 놓은 후 배추 겉잎을 그 위에 4장 겹쳐 깐다. 이때 배춧잎의 절반은 그릇 밖으로 늘어뜨려 소를 감쌀 수 있도록 한다.
7. ①의 반으로 가른 두 조각의 절임 배추 속고갱이는 반기둥 모양을 합해 원기둥이 되도록 만들고 ⑥의 그릇 중앙에 얹는다.
8. 부재료에 양념 재료를 넣고 섞어 김칫소를 만들어 ⑦의 배춧잎 사이에 골고루 넣고 단감을 소 사이에 넣는다.
9. ⑤의 고명을 보김치 맨 위에 어우러지게 올린 뒤 배춧잎으로 덮는다. 그릇에 깔아두었던 겉잎을 차례대로 덮어 김칫소가 밖으로 나오지 않도록 감싸고 열십자로 깔아둔 미나리로 묶는다.
10. 김치통에 보김치를 담고 ②의 국물을 김치가 잠기도록 부은 뒤 절인 배추 겉잎으로 한 겹 덮는다. 15℃의 상온에서 2일 정도 익혀 냉장고에 넣고 20일 안에 먹는다.

장김치

"고춧가루와 젓갈이 들어가지 않는 장김치는 이름 그대로 간장으로 맛을 낸 김치입니다. 우리 조상들은 정월 떡국상이나 잔칫상에 장김치를 꼭 곁들였다고 합니다. 장김치는 평소 사용하지 않던 밤과 대추, 석이버섯과 같은 귀한 재료들이 사용되는데, 경제적인 여유가 있는 궁중이나 양반가에서 주로 담가 먹던 김치입니다. 젓갈 대신 집간장을 이용해 담근 장김치는 깔끔하면서도 시원한 맛이 일품입니다. 다만 집간장으로만 간을 하다 보니 색이 어두워요. 그래서 저는 다시마물과 생수, 소금, 배즙을 국물에 추가해 모양과 맛을 더했습니다."

기본 재료 알배기 배추 600g, 부 ½개, 십간상 ½컵

부재료 배 1개, 밤 6톨, 표고버섯 3장, 석이버섯 2장, 은행 7알, 미나리 60g, 쪽파 30g, 마늘 4쪽, 생강 1톨, 홍고추 1개

국물 재료 생수 2ℓ, 다시마물·배즙 1컵씩, 토판염 30g

만드는 법

1 알배기 배추는 잎을 한 장씩 떼어 사방 2.5㎝ 크기로 네모지게 썬다. 무는 0.3㎝ 두께로 배추와 같은 크기로 나박하게 썬다.

2 배추와 무에 집간장을 넣고 고루 섞은 뒤 1시간 정도 절인다.

3 배는 껍질을 벗겨 배추와 무 크기로 나박하게 썰고, 밤은 껍질을 벗겨 모양대로 편으로 썬다.

4 표고버섯은 물에 불려 기둥을 떼어내고 은행잎 모양으로 4~6등분하고, 석이버섯은 물에 불려 깨끗이 손질해 채 썬다.

5 미나리와 쪽파는 씻어 손질해 2.5㎝ 길이로 썰고, 마늘은 편으로 썬다. 생강은 채 썰고, 홍고추는 반으로 갈라 씨를 제거한 뒤 2㎝ 길이로 채 썬다.

6 절인 ②의 배추와 무를 건져 건더기만 김치통에 담고 간장 국물은 따로 둔다.

7 ⑥에 손질해 둔 부재료들을 모두 넣는다.

8 ⑥의 간장 국물에 국물 재료들을 넣고 토판염이 녹을 때까지 저어 ⑦의 김치통에 붓는다.

9 장김치는 24시간 정도 상온에 두었다가 냉장고에서 3~4일 숙성시켜 먹는다.

돌산갓김치

"남도에서 겨울을 난 돌산갓은 영양소가 농축되어 있고 갓의 알싸한 맛은 항암효과가 뛰어나 돌산갓김치는 환자들에게 추천하고 싶은 김치 중 하나입니다. 무엇보다 겨울 김장김치를 거의 다 먹었을 무렵 담가 먹으면 입맛을 돋우기에도 더없이 좋습니다."

기본 재료 돌산갓 4㎏, 물(절임용) 2ℓ, 천일염(절임용) 400g, 쪽파 200g

양념 재료 고춧가루 200g, 마른 고추 200g, 다시마멸치 육수 2컵, 찹쌀죽 1컵, 다진 마늘 200g, 다진 생강 20g, 멸치 가루 15g, 멸치액젓·멸치생젓 1컵씩, 자리돔젓 70g

만드는 법

1. 돌산갓은 포기가 작고 연한 것으로 골라 누런 잎을 떼어내고 흐르는 물에 3~4번 정도 깨끗하게 씻어 물기를 뺀다.
2. 물에 천일염 분량의 절반을 푼 절임물에 갓을 담그고 줄기 부분에 남은 천일염을 켜켜이 뿌려 3시간이 지나면 갓을 위아래로 뒤집어 1시간 30분 정도 더 절인 뒤 흐르는 물에 헹궈 채반에 건져 물기를 뺀다.
3. 쪽파는 다듬은 뒤 깨끗이 씻어 멸치액젓을 넣어 절인 뒤 30분 뒤에 국물을 따라내고 쪽파는 건져 따로 둔다.
4. 마른 고추는 물에 씻어 3~4등분해 씨를 털고 다시마멸치 육수에 20분 정도 불린 뒤 믹서에 거칠게 간다.
5. 너른 그릇에 ③의 따라 낸 멸치액젓과 멸치생젓, 자리돔젓갈을 넣고 고춧가루를 넣어 섞어 불린 뒤 ④의 간 고추와 남은 재료를 넣고 섞어 양념을 완성한다.
6. ②의 갓에 ③의 쪽파와 ⑤의 양념을 넣어 함께 버무린 후 2~3줄기씩 잡아 곱게 타래지어 김치통에 차곡차곡 눌러가며 담는다.
7. 돌산갓김치는 25℃의 상온에서 36시간 정도 익혀 냉장고에 보관해가며 먹는다.

가자미식해

"시판되는 가자미식해는 지나치게 맵고 단 경우가 많습니다. 때문에 신선한 가자미를 구했다면 집에서 직접 가자미식해를 담가 보길 추천합니다. 꼬들꼬들하게 말린 가자미에 엿기름과 보리조청을 넣은 양념에 무쳐 숙성시키면 설탕을 일절 넣지 않아도 단맛이 나고 가자미가 맛있게 삭아 소화도 잘되고 입맛을 살리기에 더없이 좋습니다. 가자미식해는 차조가 아닌 메조쌀로 만들어야 꼬들꼬들한 식감을 살릴 수 있어요. 넉넉하게 만들어 냉동실에 넣어두면 1년 정도 보관이 가능합니다."

기본 재료

가자미 2kg, 메조쌀 500g, 물(밥물용) 400㎖, 고운 고춧가루 200g, 굵은 고춧가루 100g, 다진 마늘 200g, 다진 생강 20g, 엿기름 100g, 천일염(가자미 절임용) 200g, 무 1.3kg, 고운 고춧가루(무 양념용) 2큰술, 천일염 100g(무 절임용), 보리조청 200g, 통깨 3큰술

만드는 법

1 가자미는 지느러미와 아가미를 가위로 잘라내고 씻어 채반에 널어 반나절 정도 말린다.
2 말린 가자미는 1㎝ 두께로 사선으로 썰어 천일염을 뿌려 밀폐 용기에 담아 1일 정도 냉장 보관한다.
3 절여 꼬들꼬들해진 가자미는 3번 정도 씻어 채반에 건져 물기를 뺀다.
4 메조쌀은 씻어 밥물을 부어 전기밥솥에서 백미 모드로 밥을 지은 뒤 넓은 그릇에 펴 고슬고슬하게 완전히 식힌다.
5 엿기름은 고운체에 내린다.
6 넓은 그릇에 ③의 가자미, 엿기름, 메조밥, 다진 마늘, 다진 생강, 고운 고춧가루, 굵은 고춧가루, 보리조청을 넣고 고루 버무려 김치통에 담는다.
7 ⑥을 실온에서 5일 정도 삭힌다.
8 무를 새끼손가락 크기로 잘라 천일염을 뿌려 반나절 정도 절인 후 면보에 무를 넣고 꼭 짜 물기를 제거한다.
9 ⑧의 무에 고운 고춧가루를 넣고 버무려 삭힌 ⑦의 가자미와 한데 섞은 후 통깨를 뿌려 2일 더 숙성시킨다. 이때 단맛을 내고 싶으면 원당이나 조청, 꿀을 더해도 된다.

양평명품황후김치

"제가 살고 있는 경기도 양평군 서종면 문호리에서 조선의 마지막 황후인 순정황후가 태어나 어린 시절을 지내셨다고 합니다. 순정황후가 어린 시절 즐겨 먹던 김치를 직접 재현해 보았습니다. 예부터 가난한 김치도 맛있다고 했지만 모든 음식이 그렇듯 김치도 사실 좋은 식재료를 쓰면 쓸수록 더 맛있습니다. 양평명품황후김치는 전복과 생새우를 갈아 넣고 양지를 푹 끓여 육수와 고기를 넣어 만든 김치입니다. 한 번 맛보면 잊지 못할 정도로 시원하면서도 감칠맛이 훌륭한 김치랍니다."

기본 재료 절임 배추 4.8kg(2포기), 소고기(양지) 150g, 생수 4ℓ

부재료 무 700g, 배 300g, 밤 2톨, 갓·쪽파 100g씩, 미나리 70g, 생새우 100g, 전복 3미, 감초물 적당량

양념 재료 고춧가루 250g, 다진 마늘 150g, 다진 생강 40g, 조기젓 ¼컵, 멸치액젓 ½컵, 찹쌀죽·양지 육수 1컵씩

고명 재료 실고추·석이버섯·검은깨 약간씩

만드는 법

1. 소고기 양지는 찬물에 1시간 정도 담가 물을 바꿔가며 핏물을 뺀다. 냄비에 생수 4ℓ를 붓고 끓으면 양지를 넣고 1시간 20분 정도 끓인다. 양지 육수는 차게 식혀 면보에 걸러 기름기를 제거한다. 양지는 한 김 식혀 채 썬다.
2. 무와 배, 밤은 껍질을 벗기고 0.2㎝ 두께로 채 썬다. 갓과 쪽파, 미나리는 손질해 씻어 물기를 제거한 뒤 3㎝ 길이로 썬다.
3. 생새우는 옅은 소금물에 씻어놓고 전복은 솔로 깨끗하게 문질러 씻어 이빨과 내장을 제거하고 끓는 감초물에 20초 정도 데쳐 칼로 다진다.
4. 믹서에 손질한 데친 생새우와 전복을 넣어 간 후 양념 재료를 넣어 고루 섞는다.
5. ④의 양념에 ①의 채 썬 양지와 ②의 부재료들을 넣고 고루 버무려 김칫소를 만든다.
6. 절인 배춧잎 사이사이에 ⑤의 소를 켜켜이 넣고 겉잎으로 배추 전체를 감싼 뒤 단면이 위로 오도록 김치통에 담고 푸른 겉잎으로 덮어 공기가 통하지 않도록 한다.
7. 양평명품황후김치는 실온에서 1일 익힌 후 냉장고에 넣어 15일 정도 숙성시켜 먹는다.

쌀누룩요거트백김치

"쌀누룩요거트를 양념에 넣어 만든 백김치는 익었을 때 톡 쏘는 탄산미가 보통의 백김치보다 뛰어나요. 새우젓을 다져 넣는 대신 새우젓과 생수를 1:1로 넣고 달여 건더기는 건지고 액젓만 받아 식힌 새우액젓을 사용해 맛이 아주 깔끔해 항암 환자는 물론 온 가족이 명절에 즐기기에 좋습니다."

기본 재료 배추 2포기(또는 절인 배추 4kg), 물(절임용) 4ℓ, 천일염(절임용) 600g

부재료 콜라비·무채 500g씩, 배 1개, 밤 20g, 석이버섯 5g, 대추채 25g, 쪽파 80g, 미나리 50g, 마늘 30g, 생강 5g

양념 재료 쌀누룩요거트 1컵, 새우액젓 4큰술, 토판염 1큰술, 실고추 5g

국물 재료 생수 4ℓ, 새우액젓 5큰술, 나진 마늘 30g, 생강즙 1작은술, 토판염 60g

만드는 법

1. 배추 밑동에 칼집을 넣고 손으로 벌려 반으로 가른다.
2. 통에 물을 붓고 천일염 절반을 풀어 배춧잎 사이사이에 끼얹어 적시고 배추 줄기 부분에 남은 천일염을 켜켜이 뿌린다.
3. 통을 준비해 ②의 배추를 속이 위로 올라오도록 차곡차곡 쌓고 남은 절임물을 붓는다. 3시간이 지나면 배추를 위아래로 뒤집어 다시 1시간 정도 절인다.
4. 절인 배추는 흐르는 물에 헹궈 소금기를 빼고 채반에 엎어 물기를 뺀다.
5. 콜라비는 솔로 문질러 씻고 배는 껍질을 벗겨 각각 0.3㎝ 굵기로 채 썰고, 쪽파와 미나리는 3㎝ 길이로 썬다.
6. 마늘과 생강, 밤은 껍질을 벗겨 곱게 채 썰고, 석이버섯도 불려 곱게 채 썬다.
7. ⑤와 ⑥을 한데 섞고 무채와 대추채, 양념 재료들을 넣어 고루 섞어 김칫소를 만든다.
8. 절인 배춧잎 사이사이에 ⑦의 소를 켜켜이 넣고 겉잎으로 배추 전체를 감싼 뒤 단면이 위로 오도록 김치통에 담고 푸른 겉잎으로 덮어 공기가 통하지 않도록 눌러놓는다.
9. 재료를 섞어 만든 국물을 ⑧에 붓는다.
10. 쌀누룩요거트백김치는 실온에서 24시간 정도 익힌 후 냉장고에 넣어 10일 정도 숙성시켜 먹는다.

전라반지

"전라반지는 나주 종가, 즉 양반가의 김치로 다른 김치와 다르게 다진 돼지고기를 볶아 넣는 것이 특징입니다. 담백하면서도 시원한 맛이 반지 중에서 가장 으뜸인 것 같아요. 김치에 들어가는 돼지고기는 직접 다져서 양념을 하지 않은 상태로 볶아서 사용합니다. 해물의 시원한 맛 때문에 남도의 반가음식으로 사랑받는 김치이며 나주의 대표적 김치이기도 합니다."

기본 재료

배추 4포기(10kg), 물(절임용) 8ℓ, 천일염(절임용) 1.2kg

부재료 다진 돼지고기(뒷다리살) 250g, 무 ⅔개, 쪽파·미나리·갓·청각 100g씩, 배 1개, 밤 6톨, 청·홍고추 7개씩, 생강 50g, 마늘 30g, 석이버섯 20g, 낙지 2~3마리, 전복(중간 크기) 2미, 말린 감초 1조각, 물 3ℓ

양념 재료 배 1개, 마른 고추 25개, 무 ⅓개, 마늘 60g, 새우액젓 1컵, 찹쌀죽·미거트 1컵씩, 멸치액젓 100g, 고춧가루 4큰술, 통깨 1작은술, 잣 ½컵

국물 재료 생수 4ℓ

만드는 법

1 배추 밑동에 칼집을 넣고 손으로 벌려 반으로 가른다. 천일염을 푼 절임물을 배춧잎 사이사이에 끼얹고 배추 줄기 부분에 남은 천일염을 켜켜이 뿌린다. 통에 배추 속이 위로 올라오도록 차곡차곡 쌓고 남은 절임물을 붓는다. 4시간이 지나면 배추를 위아래로 뒤집어 다시 4시간 정도 절인다. 절인 배추는 흐르는 물에 헹궈 소금기를 빼고 채반에 엎어 물기를 뺀다.

2 다진 돼지고기는 달군 팬에 넣고 기름 없이 볶는다.

3 낙지는 밀가루와 소금으로 조물조물 씻어 뻘을 제거한 후 5㎝ 길이로 썰고 전복은 껍질과 내장을 제거한 후 살만 편으로 썬다. 감초를 넣어 팔팔 끓는 물에 낙지와 전복을 살짝 데쳐 놓는다.

4 부재료의 무 반은 3×4×0.7㎝ 크기로 골패 모양으로 썰고, 나머지 반은 4㎝ 길이로 채 썬다.

5 쪽파, 미나리, 갓, 청각은 손질해 씻어 물기를 제거하고 4㎝ 길이로 썬다. 껍질을 깐 배와 밤, 청·홍고추, 생강, 마늘, 불린 석이버섯은 가늘게 채 썬다.

6 양념에 들어가는 배는 껍질을 벗기고 씨 부분을 제거한 뒤 큼지막하게 썰고 마른 고추는 씻어 2~3등분해 씨를 제거한다. 무는 큼지막하게 썬다.

7 믹서에 ⑥을 넣고 곱게 갈아 나머지 양념 재료를 모두 넣고 고루 섞는다.

8 골패형으로 썰어 놓은 무를 제외한 손질해 놓은 모든 부재료에 ⑦의 양념을 넣어 고루 섞어 김칫소를 만든다.

9 절인 ①의 배추 켜켜이 소를 넣고 겉잎으로 배추 전체를 감싼 뒤 김치통에 단면이 위로 오도록 담는다. 이때 배추 사이사이에 골패형으로 썰어놓은 ④의 골패형으로 썬 무와 껍질과 씨를 제거한 배를 넣고 꼭꼭 누른 뒤 국물용 생수를 붓는다.

10 전라반지는 서늘한 곳에서 36시간 발효시킨다.

쌀누룩 사계절 저염된장

"장은 11월에 콩을 삶아 된장을 담그고 3월 안에 장을 갈라야 하며 이후에도 발효 과정을 거쳐야 맛있어집니다. 그만큼 손이 많이 가고 정성이 필요한 음식입니다. 그러다보니 많은 사람들이 엄두를 내는 것조차 힘들어하는 것 같습니다. 이런 장 담그기는 '종균'을 이용하면 보다 쉽고 빠르게 된장을 만들 수 있어요. 원하는 발효를 위해 식품에 접종하는 종균, 즉 쌀누룩을 사용하는 것인데요. 시판하는 쌀누룩에 메줏가루를 섞기만 하면 완성되니 장 담그기 초보자들도 쉽게 된장을 만들 수 있습니다. 무엇보다 감칠맛이 풍부한 맛있는 된장을 만들 수 있다는 것이 가장 큰 장점입니다. 또 3월이 지나서 장을 담그지 않는 이유는 벌레나 골마지가 생기기 때문인데 쌀입국을 이용한 장은 벌레도 생기지 않고 변색이 없어 사시사철 담글 수 있다는 것도 장점입니다."

기본 재료 쌀누룩(장백균)·메줏가루 1.2kg씩, 생수 2ℓ, 토판염 370g

만드는 법

1 팔팔 끓는 물로 소독한 넓은 그릇에 생수 2ℓ를 부은 뒤 토판염을 넣고 잘 녹인다.
2 ①에 쌀누룩을 넣어 부드럽게 주물러 섞은 뒤 메줏가루를 넣고 한 번 더 골고루 섞는다.
3 소독한 항아리에 ②를 담는다.
4 ③의 된장을 2~3일에 한 번씩 잘 저어 산소를 공급해주고 꼭꼭 눌러가며 다독여 놓는다.
5 여름에는 20일, 겨울에는 30일 정도 실온에서 발효한다.

현미고추장

"4인 가족이 1년 정도 먹기 좋을 양의 현미고추장입니다. 쌀의 영양분이 고스란히 담긴 현미찹쌀로 담가 영양적으로도 우수한 고추장입니다. 보리조청을 넣어 구수하면서도 은근한 단맛이 나 다양한 요리에 맛과 영양을 더할 수 있어요. 고추장은 베란다가 있는 가정이라면 아파트에서도 손쉽게 담글 수 있으니 꼭 한 번 따라 해보세요."

기본 재료 고운 고춧가루 1.2kg, 엿기름가루 1kg, 토판염·현미찹쌀 500g씩, 메줏가루 600g, 보리조청 200g, 미지근한 물 10ℓ

만드는 법

1 현미찹쌀은 깨끗하게 씻어 4~5시간 정도 물에 불려 체에 밭쳐 물기를 뺀다.

2 큰 그릇에 준비한 미지근한 물의 3분의 1 정도를 붓고 고운 면포에 엿기름가루를 넣고 손으로 주물주물 치대어 엿기름물을 만들어 빈 그릇에 붓는다. 남은 미지근한 물도 엿기름주머니에 치대어 맑은 물이 나올 때까지 총 3회에 걸쳐 엿기름물을 만들어 한데 섞는다.

3 믹서에 ①의 찹쌀을 넣어 성글게 간다.

4 ②의 엿기름물과 ③의 찹쌀을 전기밥솥에 붓고 보온 모드에서 5시간 정도 삭힌 후 냄비에 넣어 3ℓ 정도의 양이 될 때까지 강불에서 끓기 시작하면 중불로 낮추고 가끔 저어가며 졸인 뒤 식힌다.

5 큰 그릇에 ④의 삭힌 엿기름물 절반을 붓고 분량의 토판염을 넣고 녹인 후 메줏가루를 부어 멍울이 없도록 푼다.

6 남은 엿기름물에 고운 고춧가루를 넣고 고루 섞는다.

7 ⑤와 ⑥을 한데 섞고 보리조청을 넣어 버무린 후 맛을 봐 싱거우면 토판염으로 간한다.

8 완성한 현미고추장은 밀폐 용기에 담아 하루 정도 두었다가 멍울진 것이 없도록 다시 한 번 고루 섞고 토판염으로 간한다.

9 소독한 항아리에 현미고추장을 담고 아침에는 해가 들고 점심 이후에는 그늘지는 동향의 상온에서 2~3개월 숙성시켜 먹는다.

장백균흑보리누룩찍음장

"찍음장은 보통 막장이라고 불리지만 그 맛을 단순히 막장이라 표현하는 것이 아쉬울 만큼 맛이 깊고 별미 중 별미입니다. 감칠맛이 뛰어날 뿐 아니라 칼칼하고 영양이 풍부하다는 것도 장점이죠. 보통 된장에 비해 염도가 낮아 건강하게 즐길 수 있고 별다른 양념을 넣지 않아도 비빔장이나 쌈장으로 활용이 가능합니다. 특히 장백균누룩으로 담은 흑보리누룩찍음장은 일반 찍음장에 비해 담그기가 쉽고 담그자마자 먹어도 맛있다는 것이 장점입니다."

기본 재료

장백균흑보리누룩 가루 1kg, 흑보리 200g, 메줏가루(막장용) 1kg, 황태 가루 200g, 엿기름 500g, 토판염 300g, 미지근한 물 5ℓ, 엿기름물 3.3ℓ, 고춧가루 300g

만드는 법

1. 흑보리는 깨끗하게 씻어 5시간 정도 충분히 불린다.
2. 큰 그릇에 준비한 미지근한 물 3분의 1을 붓고 고운 면포에 엿기름가루를 넣고 손으로 주물주물 치대고 빈 그릇에 엿기름물을 붓는다. 맑은 엿기름물이 나올 때까지 이 과정을 총 3회에 걸쳐 엿기름물을 만들어 한데 섞는다.
3. 솥에 ②의 엿기름물을 넣고 끓기 시작하면 ①의 불린 흑보리를 믹서에 갈아 붓고 거품을 걷어내고 중불로 줄여 5ℓ가 3.3ℓ 정도로 줄 때까지 저어가며 죽을 쑨 뒤 식힌다.
4. 흑보리엿기름죽에 토판염을 넣고 고루 섞은 뒤 메줏가루와 장백균흑보리누룩 가루 넣어 멍울 없이 푼다.
5. ④에 고춧가루를 넣어 고루 버무린 뒤 마지막으로 황태 가루를 넣어 다시 한 번 버무린다.
6. 소독한 항아리에 완성된 흑보리누룩찍음장을 담고 아침에는 해가 들고 오후에는 그늘이 지는 동향의 상온에서 5월까지 익힌 후 밀폐 용기에 담아 냉장 보관해가며 먹는다.

PART 2

계절 담은 반찬

매끼 식탁을 풍성하게 만드는 것은 바로 밑반찬이다. 때문에 제철 식재료를 활용해 정성을 다해 밑반찬을 만들어 먹으면 입맛을 돋우고 건강을 지킬 수 있다. 산기운, 땅기운을 가득 머금은 산나물을 비롯해 찬바람이 들면 맛이 드는 다양한 해산물 그리고 계절마다 들에서 나는 건강한 식재료를 활용한 반찬 레시피를 담았다.

봄동대하전

"봄동은 연한 잎은 겉절이와 쌈처럼 생으로 먹고, 크고 뻣뻣한 잎은 국이나 부침으로 조리하면 좋습니다. 봄동은 포기가 너무 크지 않으면서 잎이 통통하고 속이 꽉 찬 것을 선택하고요. 반죽에 다진 대하를 넣어 봄동에 묻혀 구우면 채소에 부족하기 쉬운 단백질을 보충할 수 있고 달고 단백한 대하의 맛이 봄동에 어우러져 더욱 맛있게 즐길 수 있습니다."

기본 재료 봄동잎 20장, 우리밀가루(반죽용)·생수 ½컵씩, 대하 7마리, 토판염 약간, 현미유 4큰술, 홍고추 약간, 우리밀가루(덧가루용) 약간

만드는 법

1. 봄동은 한 잎씩 떼어 흐르는 물에 서너 번 씻어 물기를 뺀다.
2. 물기를 제거한 봄동 잎에 우리밀가루를 앞뒤로 가볍게 묻힌다.
3. 반죽용 우리밀가루에 생수를 붓고 멍울 없이 곱게 푼다.
4. 대하는 머리와 껍질, 내장을 제거하고 곱게 다져 ③의 우리밀가루 반죽에 넣어 섞은 뒤 토판염을 넣어 간한다.
5. 달군 프라이팬에 현미유를 두르고 ④의 반죽에 ②의 봄동을 한 장씩 담갔다가 꺼내 올리고 양면을 노릇하게 부친다.

나물무침
홋잎나물·취나물·구기자

"제가 살고 있는 양평 산골은 4월이면 홋잎나무와 참나물, 5월이면 두릅, 6월이면 오디 등 산나물과 산과일이 풍성해집니다. 오일장에만 가도 할머니들이 직접 채취한 산나물들이 가득하지요. 오염되지 않은 깨끗한 토양에서 자란 제철 산나물은 강인한 생명력과 뛰어난 약성을 지녀 엽록소가 풍부하고 식이섬유, 미네랄, 비타민을 다양하게 많이 함유하고 있습니다. 제가 두 번의 암을 이겨내고 다시 건강하게 생활할 수 있는 건 어쩌면 이 산과 들에서 나는 나물 덕분일지 모른다는 생각을 할 정도로 봄이 되면 다양한 나물을 무쳐 먹곤 합니다. 홋잎나물과 취나물, 구기자나물은 약성을 가지고 있어 자주 먹는 나물들입니다. 홋잎나무는 사전적으로 참빗나무, 화살나무, 귀전우라고 불립니다. 민간에서는 유방암, 위암 등 각종 암 예방에 도움을 준다고 알려져 있지요. 또 혈당을 낮추고 인슐린 분비를 촉진시키는 데 도움을 주는 나물입니다. 무기질이 풍부한 취나물은 통깨 대신 고춧가루를 약간 넣어주면 담백하면서도 매콤한 맛이 나고 초록색의 취나물에 붉은색이 더해져 색도 예쁩니다. 구기자는 하수오, 인삼과 함께 3대 명약으로 특히 지방간을 없애는 데 효력이 있다고 합니다."

홋잎나물무침 재료 홋잎 200g, 생수 2ℓ, 집간장·들기름 1큰술씩, 통깨 약간

취나물무침 재료 취나물 300g, 생수 3ℓ, 집간장·들기름 2큰술씩, 고춧가루 약간

구기자순나물무침 재료 구기자순 200g, 생수 2ℓ, 집간장·들기름 1큰술씩, 통깨 약간

만드는 법

1. 불순물을 제거한 홋잎은 팔팔 끓는 생수에 2분 정도 데쳐 찬물에 재빨리 2~3번 헹군 뒤 수분이 5~10% 정도만 남도록 물기를 짠다. 데친 홋잎에 집간장, 들기름, 통깨를 넣고 조물조물 무친다.
2. 불순물을 제거한 취나물은 팔팔 끓는 생수에 2분 정도 데쳐 찬물에 재빨리 2~3번 헹군 뒤 수분이 5~10% 정도만 남도록 물기를 짠다. 데친 취나물에 집간장, 들기름, 고춧가루를 넣고 조물조물 무친다.
3. 불순물을 제거한 구기자순은 팔팔 끓는 생수에 2분 정도 데쳐 찬물에 재빨리 2~3번 헹군 뒤 수분이 5~10% 정도만 남도록 물기를 짠다. 데친 구기자순에 집간장, 들기름, 통깨를 넣고 조물조물 무친다.

막나물무침
눈개승마나물·방풍나물

"고기 나물이라 불러도 좋을 눈개승마나물은 쫄깃한 식감이 특징으로 두릅과 인삼 맛도 납니다. 어린잎이 삼과 같다 하여 삼나물이라고도 불리지요. 눈개승마나물에는 인삼에 다량 함유된 사포닌을 비롯해 단백질이 풍부해 뇌경색이나 뇌질환, 심근경색 등을 예방하는 데도 도움이 됩니다. 방풍은 바닷가 모래밭에서 자라는 염생식물로 이미 짠맛을 가지고 있기 때문에 나물을 무칠 때 따로 간을 하지 않아도 됩니다. 개인의 취향에 맞게 맛을 보고 조금만 간하는 것이 좋습니다. 막나물은 여러 가지 산나물을 섞어서 무친 것으로 다양한 산나물의 맛이 어우러져 더욱 별미입니다. 저는 취나물과 참나물, 어수리취, 잔대순 등 산나물을 섞어 즐겨 무쳐 먹습니다. 집간장과 들기름, 깨소금 외에 다른 양념은 일절 넣지 않아 나물 고유의 향을 그대로 느낄 수 있도록 하고요. 자연산 산나물은 약성과 사람을 살리는 에너지를 가지고 있어 데칠 때는 물론 무칠 때도 약성과 에너지가 파괴되지 않도록 조리하는 것이 중요합니다. 때문에 산나물을 데칠 때는 물을 넉넉히 붓고 팔팔 끓을 때 넣어야 하고, 향이 적은 나물부터 데쳐야 해요. 예를 들어 두릅, 엄나무순, 참취, 어수리취 등의 순이지요."

눈개승마나물무침 재료 눈개승마나물 100g, 생수 1ℓ, 집간장 1작은술, 들기름 1큰술, 깨소금 1작은술

방풍나물무침 재료 방풍 100g, 생수 1ℓ, 집간장 약간, 들기름 1큰술, 깨소금 1작은술

막나물무침 재료 막나물(취나물·참나물·어수리취·잔대순) 200g, 생수 2ℓ, 집간장·들기름 2큰술씩, 깨소금 1작은술

만드는 법

1. 불순물을 제거한 눈개승마는 팔팔 끓는 생수에 2분 정도 데친 뒤 찬물에 재빨리 2~3번 헹군 뒤 수분이 5~10% 정도만 남도록 물기를 짠다. 데친 눈개승마에 집간장, 들기름, 통깨를 넣고 조물조물 무친다.
2. 불순물을 제거한 방풍은 팔팔 끓는 생수에 2분 정도 데쳐 찬물에 재빨리 2~3번 헹군 뒤 수분이 5~10% 정도만 남도록 물기를 짠다. 데쳐 물기를 짠 방풍나물에 집간장, 들기름, 깨소금을 넣어 조물조물 무친다.
3. 불순물을 제거한 취나물과 참나물, 어수리취, 잔대순은 팔팔 끓는 생수에 넣고 2분 정도 삶아 찬물에 재빨리 2~3번 헹군 뒤 수분이 10% 정도만 남도록 물기를 짠다. 데쳐 짠 막나물에 집간장, 들기름, 깨소금을 넣어 조물조물 무친다.

씀바귀나물무침

"쓴맛이 강한 씀바귀나물은 데친 후 물을 바꿔가며 담가야 특유의 쓴맛을 제거할 수 있습니다. 또 다른 나물과 달리 고추장과 식초, 꿀 등을 넣어 매콤, 새콤, 달콤하게 무쳐 봄철 입맛을 돋우기에 좋습니다. 산나물들은 미리 데치거나 무쳐놓으면 물이 생겨 양념과 분리되어 맛이 덜하기 때문에 씀바귀나물 역시 될 수 있으면 먹기 직전에 무치는 것이 좋습니다."

기본 재료 씀바귀 뿌리(손질한 것) 100g, 생수 1ℓ, 현미고추장(또는 마늘고추장) 3큰술, 식초·아카시아 꿀 1큰술씩, 거피 통깨 1작은술

만드는 법

1 씀바귀 뿌리는 억센 부분과 잔털, 불순물을 제거하고 찬물에 여러 번 씻는다.

2 냄비에 분량의 생수를 넣고 팔팔 끓으면 씀바귀 뿌리를 넣고 약 2분간 데쳐 찬물에 30~40분 정도 담가둔다. 이때 2~3번 물을 갈아줘 쓴맛을 뺀다.

3 물기를 뺀 ②의 씀바귀에 현미고추장, 식초, 아카시아 꿀, 통깨를 순서대로 넣어 조물조물 무친다.

전복참나물무침

"단백질 보충이 필요하지만 입맛이 도통 나지 않는 항암 환자를 위한 별미 메뉴입니다. 전복은 삶으면 질겨지기 쉬우므로 약한 불에서 1시간 정도 쪄 식감을 부드럽게 만들어야 해요. 여기에 향이 강하면서도 쓴맛 없이 단 참나물과 아삭하고 달콤한 배를 더하고 집간장을 베이스로 소스를 만들어 뿌리면 입맛을 돋우면서 영양적으로도 밸런스가 잘 맞습니다."

기본 재료 전복 3미, 참나물 10g, 배 ¼개, 밤 2톨, 석이버섯 3장, 마른 고추 ½개

양념 재료 집간장 1큰술, 식초 1작은술, 레몬즙 1작은술, 토판염 약간

만드는 법

1 전복은 껍질째 솔로 문질러 씻은 후 김이 오르는 찜기에 1시간 찐 뒤 식혀 껍질과 이빨, 내장을 제거하고 도톰하게 어슷썰기 한다.

2 배는 껍질을 벗겨 한입 크기로 썰고, 밤은 껍질을 벗기고 편으로 썬다. 참나물은 깨끗하게 손질한 후 씻어 3㎝ 길이로 썬다.

3 마른 고추는 반으로 갈라 씨를 빼고 손으로 찢는다. 석이버섯은 물에 불려 뒷면에 붙어 있는 이물질과 이끼를 제거한 뒤 마른 고추와 비슷한 크기로 찢는다.

4 재료를 섞어 양념을 만든다.

5 손질한 모든 재료를 한데 섞은 후 ④의 양념을 넣어 고루 무쳐 그릇에 담는다. 기호에 따라 꿀이나 유기농 설탕, 메이플시럽을 약간 넣어 새콤달콤하게 먹어도 좋다.

더덕회무침과 더덕잣무침

"고추장 양념의 더덕회무침은 갑자기 찾아온 더위에 떨어진 입맛을 돋우기에 좋은 반찬 중 하나입니다. 회무침용 더덕은 너무 크지 않은 것을 선택하는 것이 좋은데 큰 것은 심이 굵어 식감이 좋지 않기 때문입니다. 더덕무침을 만들 때 보통 방망이로 두들기는 경우가 많은데 적당한 두께로 편 썰어 그대로 먹으면 아삭한 식감을 즐길 수 있습니다. 양념장의 경우 단맛을 더하고 싶다면 꿀이나 조청을 약간 넣어도 좋습니다. 더덕의 알싸한 맛과 잣과 참기름의 고소함이 어우러진 더덕잣무침은 담백하고 고급스러운 맛이 돋보이는 음식입니다. 또 깐 더덕만 있다면 손쉽게 만들 수 있어 손님 초대용 밑반찬으로도 추천할 만합니다."

더덕회무침 재료 더덕 150g, 현미고추장(또는 마늘고추장) 3큰술, 고춧가루·참기름·현미식초 1큰술씩, 거피 통깨 약간

더덕잣무침 재료 더덕 50g, 잣가루·참기름 1큰술씩, 토판염 약간

만드는 법

1. 더덕회무침용 더덕은 너무 굵지 않은 것으로 준비해 흐르는 물에 표면의 흙을 깨끗하게 씻어 칼로 돌려 깎거나 필러로 껍질을 벗긴 뒤 길이로 먹기 좋게 편 썬다.
2. 편 썬 ①의 더덕에 현미고추장과 고춧가루, 참기름, 현미식초, 통깨를 분량대로 넣고 조물조물 무쳐 더덕회무침을 완성한다.
3. 더덕잣무침용 더덕은 너무 굵지 않은 것으로 준비해 흐르는 물에 깨끗하게 씻어 칼로 돌려 깎거나 필러로 껍질을 벗긴 뒤 3㎝ 길이로 채 썬다.
4. 잣은 키친타월로 기름기를 닦아내고 곱게 다진다.
5. 채 썬 ③의 더덕에 토판염을 넣어 간하고 참기름, 곱게 다진 ④의 잣가루를 넣어 골고루 무쳐 접시에 담는다.

애호박부추장떡

"밀가루는 아주 조금만 넣고 호박을 비롯한 부추와 같은 여름 채소를 듬뿍 넣어 지진 장떡입니다. 장떡을 맛있게 만드는 비법 중 하나는 분량의 애호박의 반은 채 썰어 넣고 반은 갈아 넣는다는 거예요. 이렇게 하면 밀가루를 소량만 넣어도 반죽끼리 잘 어우러지고 바삭한 식감을 살릴 수 있습니다."

기본 재료 애호박·부추 60g씩, 청고추 20g, 홍고추 1개, 깻잎 30g, 현미유·들기름 적당량씩

반죽 재료 우리밀가루 110g, 현미고추장(또는 집고추장)·집된장 2큰술씩, 얼음물 200㎖

만드는 법

1. 애호박은 분량의 반은 곱게 채 썰고, 반은 강판에 간다. 부추는 다듬어 씻어 물기를 제거해 1㎝ 길이로 썬다. 청고추와 홍고추는 얇게 송송 썰어 물에 헹궈 씨를 제거한다. 깻잎은 씻어 물기를 제거해 가늘게 채 썬다.
2. 볼에 우리밀가루와 현미고추장, 집된장, 얼음물을 넣어 멍울 없이 푼다.
3. ②의 반죽물에 ①의 채소를 모두 넣고 고루 섞는다.
4. 프라이팬을 달군 후 현미유와 들기름을 적당히 섞어 두르고 ③의 반죽을 올려 양면을 노릇하게 지진다.

얼갈이열무된장지짐

"저의 추억의 맛 중 하나인 얼갈이열무된장지짐은 더운 여름 잃은 입맛을 돋우고 싶을 때 자주 해 먹는 메뉴 중 하나입니다. 흰 밥에 올려 먹어도 맛있고 비빔밥으로 비벼 먹어도 별미지요. 취향에 따라 아래 레시피보다 쌀뜨물을 더 넣어 국물을 자작하게 만들면 얼갈이와 열무가 한층 더 부드러워집니다. 기호에 맞게 마늘이나 파를 넣어도 좋고요."

기본 재료 데친 얼갈이 1kg, 데친 열무 500g, 생압착들기름 3큰술, 집된장 5큰술, 다시마멸치 육수 3컵, 멸치 가루 1큰술, 쌀뜨물 2컵, 홍고추 1개, 청양고추 2개, 거피 들깻가루 3큰술

만드는 법

1 데친 얼갈이와 열무는 깨끗하게 씻어 30분 정도 찬물에 담가 쓴맛을 제거한 뒤 채반에 밭쳐 물기를 빼놓는다.

2 ①의 얼갈이와 열무에 생압착들기름과 집된장, 다시마멸치 육수, 멸치 가루를 넣고 조물조물 무쳐 20분 정도 둔다.

3 두꺼운 냄비에 ②를 넣고 쌀뜨물을 붓고 중불에서 30분 정도 뭉근하게 졸이듯 끓인다.

4 ③에 홍고추와 청양고추를 잘게 썰어 넣고 한소끔 더 끓이고 거피 들깻가루를 뿌려 뒤적거린 후 불을 끈다.

삼색메밀전병

"묵은지의 양념을 깨끗하게 씻고 송송 썰어 양념한 후 살짝 볶은 무와 참나물을 넣어 만든 메밀전병은 맛이 강하지 않고 은은해 항암 환자들도 맛있게 먹을 수 있습니다. 맵지 않아 아이들도 먹기 좋고요. 보다 보기 좋게 색감을 더하고 싶다면 백련초 가루나 믹서에 부추와 생수를 넣고 곱게 갈아 짠 즙을 전병 반죽에 넣어 만들어 보세요."

기본 재료 메밀가루·생수 2컵씩, 부추즙·치자 가루·비트즙 약간씩, 현미유·들기름 적당량씩

소 재료 묵은지 300g, 참나물 200g, 무 500g, 집간장 1큰술, 들기름 4큰술, 다진 마늘·송송 썬 쪽파 50g씩, 토판염 1작은술

만드는 법

1. 메밀가루는 체에 내려 생수를 붓고 멍울 없이 곱게 풀어 부추즙·치자 가루·비트즙을 각각 넣어 섞어 색색의 전병 반죽을 준비한다.
2. 묵은지는 양념을 씻어 송송 썬 뒤 면포에 넣어 꼭 짜고 집간장, 들기름, 다진 마늘, 송송 썬 쪽파를 넣어 조물조물 무친다.
3. 무는 채 썰어 토판염을 뿌려 살짝 절여 꼭 짠 뒤 팬에 들기름을 두르고 슬쩍 볶는다.
4. 참나물은 끓는 물에 2분 정도 데쳐 재빨리 찬물에 2~3번 물을 바꿔가며 헹구고 물기를 짠 뒤 집간장과 들기름을 약간 넣어 조물조물 무친다.
5. 달군 팬에 현미유와 들기름을 섞어 약간 두르고 키친타월로 한 번 닦아낸 후 ①의 메밀 반죽 1국자를 떠 얇게 편다.
6. 메밀전병의 가장자리가 마르기 시작하면 뒤집어 볶은 무와 참나물, 양념한 묵은지를 적당히 올려 돌돌 말은 후 앞뒤로 노릇하게 지진다.

박들깨볶음

"박은 식물성 단백질과 당질이 풍부한 영양 만점 식재료 중 하나예요. 또 해독 식품이기도 해 항암 치료를 받으면서 저 역시 즐겨 먹었던 재료입니다. 요즘은 온라인으로 박을 쉽게 구할 수 있고 추석 전에 구입해 껍질과 속을 제거해 나박하게 썰어 냉동 보관하면 볶음, 탕, 무침에 이르기까지 다양한 요리로 즐길 수 있습니다. 풋박으로 나물을 무칠 때는 얇게 썰어야 익히는 시간을 줄일 수 있고 박의 고유한 향과 맛을 즐길 수 있도록 부재료를 많이 넣지 않는 것이 좋습니다."

기본 재료 풋박 500g, 압착 생들기름·거피 들깻가루 3큰술씩, 찹쌀가루·토판염 1작은술씩, 쪽파 1줄기, 다진 마늘 약간, 다시마멸치 육수 ½컵

만드는 법

1 풋박은 4등분해 푸른색이 남지 않도록 껍질을 깎은 뒤 숟가락 등을 이용해 속을 파내고 씻어 물기를 뺀다.

2 손질한 박은 얇게 나박썰기를 하거나 채 썬다.

3 냄비에 압착 생들기름을 두르고 썰어놓은 박을 넣어 중불에서 볶다가 다시마멸치 국물을 부어 박이 투명해질 때까지 끓이다가 거피 들깻가루와 찹쌀가루를 넣어 멍울 없이 푼다.

4 ③을 토판염으로 간한 뒤 송송 썬 쪽파와 다진 마늘을 넣어 한소끔 더 끓인 뒤 불을 끈다.

민어전

"바닷가 사람들이 한여름 삼계탕 대신 복달임 음식으로 즐겼던 민어는 유해균이 없어 한여름에도 즐겨 먹을 수 있는 생선입니다. 기운이 없고 단백질 보충이 필요할 때 민어 요리를 먹으면 원기 회복에 도움이 됩니다. 민어는 담백하고 비린내가 없어 전으로 즐기기에도 좋아요. 민어전은 동태전에 비해 살에 지방이 풍부해 전을 부쳤을 때 부드럽고 고소한 맛 또한 일품입니다."

기본 재료 민어(포 뜬 것) 200g, 우리밀가루 4큰술, 달걀 2개, 토판염·후춧가루 약간씩, 홍고추 ½개, 현미유 적당량

만드는 법

1 민어는 포 뜬 것으로 준비해 토판염과 후춧가루를 뿌려 밑간한다.
2 밑간한 민어포는 앞뒤로 우리밀가루 옷을 입힌다.
3 달걀은 토판염을 약간 넣어 곱게 풀고, 홍고추는 얇게 송송 썬다.
4 ②의 민어포에 달걀물을 입혀 현미유를 두른 팬에 올린 후 썰어놓은 홍고추를 고명으로 올린다.
5 ④의 양면을 노릇하게 지진다.

가지냉국

"여름 대표 채소인 가지는 몸에 열을 내려주는 식재료 중 하나입니다. 가지냉국은 시원한 별미지만 가지가 차가운 성분인 데다가 차가운 육수까지 더해지면 몸이 차가운 이들에게는 좋지 않으니 먹기 직전에 따뜻한 성분의 생강즙을 한두 방울 떨어뜨려 먹는 것이 좋습니다. 가지냉국의 육수를 낼 때는 다시마와 멸치를 끓이지 않고 끓는 물에 넣어 냉장실에 두면 비린내 없이 깔끔한 감칠맛이 납니다."

기본 재료 가지 2개, 토판염 약간

육수 재료 뿌리다시마 · 국물용 멸치(죽방멸치) 10g씩, 생수 1ℓ, 생강즙 1방울

고명 재료 가지고추 · 석이버섯 · 쪽파 약간씩

만드는 법

1. 밀폐 용기에 끓는 물 1ℓ와 뿌리다시마와 죽방멸치를 넣고 20분 후에 다시마만 건져내고 뚜껑을 닫아 냉장고에 하루 정도 둔다.
2. 가지는 꼭지를 떼어내고 씻어 1개는 필러로 껍질을 벗겨 길이로 2등분하고, 1개는 껍질째 길이로 2등분해 모두 김이 오르는 찜통에 가른 부분이 바닥으로 가게 해 7~8분 정도 찐다.
3. 찐 가지는 차게 식혀 먹기 좋은 크기로 썰고 토판염을 뿌려 섞어 밑간한다.
4. ①의 육수를 면보에 걸러 생강즙을 넣고 토판염으로 간한다.
5. 그릇에 ③의 가지를 담고 ④의 육수를 붓고 송송 썬 가지고추와 석이버섯, 쪽파를 고명으로 올린다.

노각무침

"여름철 밥반찬은 물론 비빔국수를 만들어 먹기에도 좋은 노각무침입니다. 오독오독한 특유의 식감이 별미이기도 하고요. 노각은 소금에 절인 후 면포에 넣어 물기를 꼭 짜야 오독오독한 식감을 제대로 즐길 수 있어요. 또 노각은 얇게 썰어 절였다가 물기를 짜면 오이가 찢어져 섬유질만 남아요. 그래서 두께를 좀 도톰하게 써는 것이 좋습니다. 아카시아꿀과 현미식초로 식성에 맞게 단맛과 신맛을 조절하면 됩니다."

기본 재료 노각 1개, 천일염(절임용) 1큰술, 쪽파 20g, 양파 1개, 홍고추 1개

양념 재료 고춧가루 25g, 고추장 30g, 현미식초·아카시아꿀·통깨 1큰술씩, 다진 마늘 30g

만드는 법

1 노각은 씻어 필러로 껍질을 벗기고 길이로 2등분해 속을 긁어낸다.

2 ①의 노각은 0.5㎝ 두께로 편 썰어 천일염을 넣고 섞어 20분 정도 절인다.

3 쪽파는 송송 썰고 양파는 0.2㎝ 두께로 채 썬다. 홍고추는 반으로 갈라 씨를 털어내고 양파 두께로 채 썬다.

4 ②의 절인 노각은 면포에 넣고 물기를 꼭 짠 뒤 분량의 재료를 섞어 만든 양념을 넣고 고루 버무린다.

5 ④에 쪽파, 양파, 홍고추를 넣어 다시 한 번 버무려 완성한다.

오이지

"오이지의 재료가 되는 오이는 씻을 때 소금으로 문지르면 오이가 익으면서 물러지니 오이에 상처가 나지 않도록 살살 씻는 것이 중요합니다. 오이는 소금물에 담가 상온에서 15일 정도 익히면 하얀 막인 골마지가 끼는데 이는 오이지를 담는 과정에서 생기는 효모균입니다. 골마지는 오이지가 향기롭게 잘 익는다는 증거지요."

기본 재료 오이 20개, 생수 4ℓ, 토판염 500g

만드는 법

1. 오이는 깨끗하게 씻어 물에 20분 정도 담갔다가 다시 한 번 헹궈 물기를 제거한다.
2. 냄비에 생수를 넣고 끓으면 토판염을 넣어 완전히 녹인다.
3. 오이를 항아리(질그릇)나 스테인리스 밀폐용기에 넣고 누름돌을 올린 후 ②의 팔팔 끓은 소금물을 붓는다.
4. ③을 실온에서 익히다가 1주일이 지나면 오이는 두고 소금물만 따라내 다시 한 번 팔팔 끓인다.
5. ④의 소금물을 완전히 식힌 후에 오이가 담긴 용기에 붓는다.
6. ⑤를 실온에서 15일 익힌 후 골마지가 끼고 오이가 맛있게 익는 냄새가 나면서 노란빛이 돌면 김치통에 담아 냉장 보관해가며 먹는다.

고구마순바지락들깨볶음

"고구마순은 한여름보다 가을이 훨씬 맛있으므로 가을이 되면 고구마순으로 다양한 요리를 만들어 보세요. 고구마순은 껍질 까기가 조금 번거로운데 소금물에 절이거나 데치면 껍질이 한층 잘 벗겨집니다. 껍질을 벗긴 고구마순은 바지락 또는 생새우살과 함께 들기름에 볶은 뒤 들깻가루와 찹쌀가루를 넣어 볶으면 봉골레파스타 못지않은 감칠맛으로 입맛을 돋워줍니다. 항암 환자에게 더없이 좋은 들깻가루가 풍부하게 들어가 한 그릇 보양식으로도 손색 없습니다."

기본 재료 껍질 깐 고구마순 300g, 천일염(고구마순 삶기용) 약간, 물 적당량, 바지락살 100g, 소금물 적당량, 들기름 1큰술, 다시마멸치 육수 1컵, 들깻가루 3큰술, 찹쌀가루 1작은술

만드는 법

1. 냄비에 물을 충분히 붓고 끓기 시작하면 토판염을 약간 넣고 고구마순을 넣어 10분 정도 데친 뒤 물기를 뺀다.
2. 바지락살은 소금물에 1~2번 정도 씻어 물기를 뺀다.
3. 두꺼운 웍을 예열한 후 들기름을 두른 뒤 ①의 고구마순을 넣어 2~3분 정도 볶는다.
4. ③에 바지락을 넣고 한소끔 볶은 뒤 다시마멸치 육수와 들깻가루, 찹쌀가루를 차례로 넣고 다시 한소끔 끓으면 불을 끈다.

우엉잡채

"우엉은 대표적인 뿌리채소로 이눌린, 셀룰로오스, 리그닌 등의 성분이 풍부해 장 활동을 촉진시키고 콜레스테롤의 흡수를 막아 동맥경화를 예방해 줍니다. 또한 우엉의 식이섬유는 장 속 발암물질을 흡착하기 때문에 대장암 예방에도 도움이 되지요. 다만 우엉의 이러한 성분들은 수용성이기 때문에 물에 담가두면 손실되기 쉬워요. 또 우엉은 껍질에 영양분이 풍부하므로 필러로 껍질을 깎지 않는 것이 좋아요. 칼등으로 긁어내는 정도로 손질하면 껍질의 감칠맛을 즐길 수 있어요. 우엉에는 폴리페놀이 많아서 자른 단면이 공기에 닿으면 폴리페놀 옥시다아제가 작용해 갈색으로 변하지만 들기름에 볶으면 바로 본연의 색으로 돌아오니 우엉을 조리할 때는 들기름을 사용하는 것이 좋습니다. 우엉잡채는 우엉과 잡채를 볶지 않고 나물처럼 무쳐내 담백하면서도 깔끔한 맛으로 맛과 건강을 모두 고려한 메뉴입니다."

기본 재료 우엉 2대, 청고추·홍고추 2개씩, 당면 50g, 참기름·아카시아꿀 1큰술씩, 집간장 2큰술, 석이버섯 5g

만드는 법

1. 당면은 따뜻한 물에 넣어 충분히 불린다.
2. 우엉은 깨끗하게 씻어 칼등으로 껍질을 벗긴 후 곱게 채 썬다.
3. 청·홍고추는 반으로 갈라 씨와 태좌 부분을 제거한 뒤 곱게 채 썬다. 석이버섯도 불려 씻어 곱게 채 썬다.
4. 끓는 물에 채 썬 우엉을 데쳐 물기를 빼고, 채 썬 청·홍고추도 데쳐 물기를 뺀다.
5. ①의 당면은 끓는 물에 삶아 찬물에 손으로 비벼가며 씻어 전분기를 완전히 제거한다.
6. 삶은 당면에 데친 우엉과 청·홍고추, 참기름, 아카시아꿀, 집간장을 넣어 골고루 무친다.

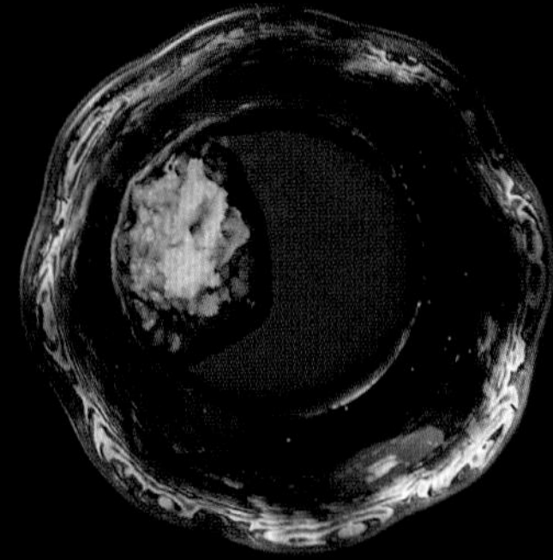

복쟁이숙회

"손질한 복이 있다면 탕 외에도 숙회로 먹으면 별미입니다. 복의 식감은 일반 생선과 달리 쫄깃해 데친 복에 배와 데친 미나리, 쪽파를 곁들여 직접 만든 소스를 찍어 먹으면 맛있습니다. 이 복쟁이숙회는 보기에도 좋아 손님상에도 제격입니다."

기본 재료 복(손질된 것) 1마리, 미나리 100g, 쪽파·배 70g씩

소스 재료 집간장 100㎖, 레몬즙 ½개 분량, 육수 100㎖

육수 재료 말린 표고버섯 2장, 죽방멸치(또는 국물용 멸치) 50g, 뿌리다시마 20g, 가다랑어포 약간, 생수 1ℓ

만드는 법

1 복은 수산시장 등에서 손질된 것을 구해 찬물에 3시간 이상 담가 핏물을 뺀다.

2 미나리와 쪽파는 손질해 끓는 물에 살짝 데쳐 5㎝ 길이로 썬다. 껍질과 씨를 제거한 배도 5㎝ 길이로 채 썬다.

3 복은 포를 뜬 후 가로 3㎝, 세로 5㎝ 크기로 잘라 끓는 물에 넣어 하얗게 색이 변하면 재빨리 건져 얼음물에 담갔다가 면보에 올려 물기를 빼둔다.

4 데친 복에 채 썬 배와 쪽파를 올리고 미나리 끈으로 묶는다.

5 생수에 말린 표고버섯과 죽방멸치, 뿌리다시마를 넣고 끓기 시작하면 7분 정도 끓이다 가다랑어포를 넣고 불을 바로 끈 뒤 걸러 식혀 육수를 준비한다.

6 집간장에 레몬즙과 ⑤의 육수 100㎖를 섞어 소스를 만들어 숙회에 곁들여 먹는다. 취향에 따라 생와사비와 배즙, 꿀을 더해도 좋다.

소고기양지장조림

"장조림은 죽에 부족하기 쉬운 단백질을 보충해줄 수 있어 예로부터 죽에 곁들여 먹던 반찬 중 하나입니다. 장조림에 맵지 않은 꽈리고추를 더하면 매콤한 향기와 푸른 색감이 입맛을 돋우지요. 푹 끓인 양지를 먹기 좋게 잘라 간장 양념에 5분 정도만 끓이면 됩니다. 간장 양념에 너무 오래 끓이면 간이 짜지고 또 고기가 질기고 맛이 없어져요. 또한 양지를 끓인 물에 양념을 해야 감칠맛이 더해져 맛있답니다."

기본 재료 소고기(양지) 600g, 생수 2ℓ, 양파 1개, 대파 잎 50g, 통후추 1작은술, 집간장 2큰술, 아카시아꿀·원당 1큰술씩, 통마늘 10쪽, 꽈리고추 15개

만드는 법

1 적당한 크기로 토막 낸 양지는 찬물에 담가 물을 바꿔가며 30분 정도 핏물을 제거한다.
2 냄비에 생수를 붓고 양파와 대파 잎, 통후추를 넣고 팔팔 끓기 시작하면 양지를 넣는다.
3 거품을 걷어가며 중약불에서 양지가 부드러워질 때까지 1시간 20분 정도 끓인다.
4 불을 끄고 채소와 고기는 건져내고 젖은 면보에 육수를 부어 걸러둔다.
5 한 김 식은 양지는 먹기 좋은 크기로 결대로 찢는다.
6 냄비에 ④의 육수 4컵을 붓고 찢어 놓은 양지와 통마늘을 넣고 끓인다.
7 ⑥이 끓기 시작하면 꽈리고추, 집간장, 아카시아꿀, 유기농 원당을 넣고 5분 정도 더 끓인 후 불을 끈다.

곱창김무침

"김은 겨울을 대표하는 식재료로 저는 겨울이면 김무침을 밑반찬으로 자주 만들어 먹습니다. 김 중에서도 김무침에는 곱창김을 선호합니다. 곱창김은 구워서 먹을 땐 다소 질기고 거칠지만 육수에 촉촉하게 적셔 무치면 약간 쫄깃한 식감이 좋고 맛도 다른 김에 비해 단맛이 있지요. 만들 때는 프라이팬이나 석쇠를 이용해 구워야 비린내가 나지 않습니다. 다시마와 멸치 또는 꽃게나 새우 등을 이용해 육수를 내서 넣으면 조미료를 넣지 않아도 감칠맛이 납니다. 설탕 대신 배즙을 넣고 조금 더 단맛을 원한다면 조청이나 메이플시럽을 약간 더해도 좋습니다. 기호에 따라 참기름을 넣어도 됩니다."

기본 재료 곱창김 20장, 깨소금 1작은술

양념 재료 집간장 3큰술, 고춧가루 1½큰술, 다진 마늘 1큰술, 조청·참기름 1큰술씩, 다시마멸치 육수 1컵, 쪽파 20g, 홍고추 1개

만드는 법

1 곱창김은 마른 팬에 앞뒤로 바삭하게 굽는다.

2 구운 곱창김을 먹기 좋은 크기로 잘게 찢는다.

3 쪽파는 송송 썰고, 홍고추를 반으로 갈라 씨를 제거한 후 잘게 다진다.

4 재료를 섞어 양념을 만든다.

5 ④에 ②의 김을 넣어 고루 무친 뒤 깨소금을 뿌려 다시 한 번 버무린다.

콩전

"단백하면서도 고소한 맛이 좋은 콩전은 남녀노소 누구에게나 추천하고 싶은 메뉴 중 하나예요. 콩과 물은 1:3 비율로 넣고 밀가루 대신 쌀을 갈아 넣으면 맛과 영양을 더할 수 있습니다. 다만 밀가루가 들어가지 않아 잘 부서지고 쉽게 탈 수 있으니 반죽은 한 숟가락 정도씩 조금만 떠 놓고 속까지 익도록 양면을 노릇하게 부칩니다."

기본 재료 콩(백태) 200g, 멥쌀 3큰술, 토판염 약간, 콩 불린 물 200㎖, 현미유 적당량

만드는 법

1 콩은 깨끗하게 씻어 물에 5시간 정도 불리고, 쌀도 깨끗하게 씻어 1시간 정도 불린 다음 물기를 뺀다.
2 믹서에 불린 콩과 쌀, 콩 불린 물을 붓고 되직한 정도로 간 뒤 토판염으로 간한다.
3 달군 프라이팬에 현미유를 넉넉히 두르고 ②의 반죽을 한 수저씩 올린 뒤 동그랗게 펴고 양면을 노릇하게 지진다.

표고버섯고추장조림

"표고버섯에는 렌티난이라는 식이섬유가 함유되어 있는데 이 렌티난은 백혈구를 활성화시키고 면역력을 높이는 작용을 해 암세포 증식을 억제하는 성분으로 주목 받고 있습니다. 표고버섯고추장조림은 표고버섯의 쫄깃한 식감과 들기름의 고소함, 고추장의 매콤함이 어우러진 별미로 항암 치료로 잃었던 입맛을 찾아주기에도 더없이 좋은 메뉴입니다. 고추장이 들어간 양념은 쉽게 타기 때문에 약불에서 은은하게 조리는 것이 중요해요. 사용되는 들기름은 유전자 교란 없는 국산 들깨를 이용해 저온에서 압착 착유한 것을 사용해야 합니다."

기본 재료 표고버섯 10장, 압착 생들기름 ½컵, 잣 약간

양념 재료 고추장 ½컵, 조청 ¼컵, 다시마물 3큰술, 집간장 1큰술

만드는 법

1 표고버섯은 씻지 않고 젖은 행주로 이물질을 닦아낸 후 기둥을 떼어낸다.

2 달군 팬에 압착 생들기름을 두르고 표고버섯을 올린 뒤 한쪽 면이 완전히 익으면 뒤집어 반대쪽을 익힌다.

3 재료를 섞어 양념을 만들어 ②의 표고버섯 위에 골고루 뿌리고 약불에서 타지 않도록 주의하며 양면을 조린다.

4 윤기 나게 조린 표고버섯을 접시에 담고 고명으로 잣을 올린다.

토종배추된장무침

"단맛이 있고 삶았을 때 보통 배추에 비해 아삭한 식감이 있는 토종배추는 된장을 넣어 무쳐 먹으면 별미입니다. 특히 집된장으로 무쳐도 맛있지만 쌀누룩을 넣어 만든 된장을 넣으면 짠맛도 덜하고 단맛도 있어 별미지요."

기본 재료 토종배추 500g, 된장(또는 쌀입국 된장) 2큰술, 깨소금 1작은술

만드는 법

1 배추는 시든 잎을 다듬은 뒤 한 장씩 떼어내 깨끗하게 씻는다.
2 씻은 배추는 끓는 물에 데쳐 3번 정도 씻은 뒤 찬물에 20분 정도 담가놓는다.
3 배추를 건져 물기를 꼭 짜 3~4㎝ 길이로 먹기 좋게 썬다.
4 ③의 배추에 분량의 된장을 넣어 조물조물 무친 후 깨소금을 넣고 다시 한 번 고루 무친다.

보리굴비고추장무침

"개인적으로 부세보다는 참조기를 말린 것을 좋아합니다. 참조기는 식감도 쫄깃하고 감칠맛도 훨씬 뛰어나기 때문이지요. 보리굴비고추장무침은 고춧가루를 넣지 않고 고추장만 넣어 개운한 맛이 나고 양념의 매콤함과 말린 생선의 감칠맛이 어우러져 겨울철 입맛을 돋우는 최고의 반찬 중 하나입니다. 또한 단백질이 풍부해 기력이 약한 항암 환자를 비롯해 환자들의 치료식 밑반찬으로 좋습니다."

기본 재료 보리굴비(말린 것) 100g, 거피 참깨 · 실고추 약간씩

양념 재료 현미고추장 2큰술, 참기름 1큰술, 조청(또는 아카시아꿀) · 다진 마늘 1작은술씩

만드는 법

1 말린 보리굴비는 먹기 좋은 크기로 찢어놓는다.

2 재료를 섞어 양념을 만든다.

3 ②에 ①의 보리굴비를 넣어 골고루 무친 후 거피 참깨를 뿌리고 실고추를 올린다.

생새우무침

"군산이 고향인 저는 어린 시절 겨울이 되면 할머니와 어머니가 민물새우인 새뱅이를 다져 빨간 양념에 무쳐주시곤 했습니다. 달고 싱싱한 새뱅이에 집간장, 다진 마늘, 다진 파, 깨소금만 넣어 무치셨는데 뜨거운 밥 위에 올려 비벼 먹으면 밥도둑이 따로 없었죠. 꼭 새뱅이가 아니라 싱싱한 바다새우로 만들어도 좋아요. 다만 새우가 살아 있는 아주 싱싱한 새우로 만들어야 합니다. 단백질이 풍부하고 맛있는 반찬이지만 새우가 싱싱할수록 껍질이 잘 안 벗겨져서 만들기 어렵다는 분들이 많아요. 새우 껍질을 벗기는 팁을 드리자면 새우를 소금물로 깨끗하게 씻은 후 물기를 빼 냉동실에 2~3시간 정도 두면 됩니다. 새우 살이 살짝 얼면서 껍질이 잘 벗겨지지요. 그래도 잘 안 벗겨진다면 새우의 머리를 제거한 뒤 배 부분을 위부터 아래까지 엄지손가락으로 훑어내리면 잘 벗겨집니다. 그리고 이쑤시개를 이용해 등쪽 내장을 제거해야 냄새도 나지 않고 흙이 씹히지 않아요. 재래식 집간장이 없다면 시판 간장 대신 액젓을 넣어 무쳐야 제대로 된 맛을 낼 수 있습니다."

기본 재료 생새우 500g, 깨소금 약간

양념 재료 집간장 5큰술, 액젓·배즙 2큰술씩, 고춧가루 3큰술, 다진 마늘 20g, 다진 생강 5g, 양파 100g, 쪽파 20g, 홍고추 2개, 육수 3큰술

육수 재료 생새우 껍질·머리 적당량, 뿌리다시마 20g, 생수 7컵

만드는 법

1. 생새우는 머리를 떼어내고 껍질을 까고 등쪽의 내장을 제거한 후 연한 소금물에 2~3번 씻어 물기를 뺀다. 이때 새우 머리와 껍질은 따로 둔다.
2. 손질한 생새우 살은 칼로 잘게 다진다.
3. ①의 새우 머리와 껍질, 다시마에 물을 부어 15분 정도 끓이다 불을 끄고 10분 정도 그대로 두었다가 체에 밭쳐 걸러 육수를 준비한다.
4. 양념 재료의 양파는 잘게 다지고 쪽파는 송송 썬다. 홍고추는 반으로 갈라 씨를 제거한 후 잘게 다진다.
5. ③의 육수 3큰술과 재료를 넣고 고루 섞어 양념을 만든다.
6. ②의 생새우에 ⑤의 양념을 넣어 새우살이 차진 느낌이 들 때까지 무친 후 깨소금을 뿌려 마무리한다.

생굴무침

"굴은 영양이 풍부한 대표 겨울 식품이지만 갯벌의 흙과 이물질을 제대로 제거해야만 더욱 건강하고 맛있게 즐길 수 있습니다. 특히 생굴을 먹을 때는 세척에 더욱 신경을 써야 합니다. 먼저 굴에 껍질이나 이물질이 있으면 손으로 일일이 제거한 후 소금을 넣은 무즙에 넣어 휘휘 저어가며 세척해야 합니다. 이때 무는 믹서가 아닌 강판에 성글게 가는 것이 중요합니다. 그래야 갯벌의 흙과 이물질이 간 무에 들러붙거든요. 그다음 굴을 일일이 손으로 건져내고 일반 물이 아닌 소금물에 두어 번 씻어내야 굴의 맛과 향을 그대로 간직할 수 있습니다."

기본 재료 굴(무침용) 600g, 무(세척용) 150g, 소금(세척용) 1큰술, 소금물 적당량, 무(부재료)·배 150g씩, 쪽파 70g, 홍고추 1개

양념 재료 고춧가루 3큰술, 고운 고춧가루 1큰술, 멸치액젓 4큰술, 배즙 2큰술, 다진 마늘 30g, 생강즙 5g, 토판염 약간, 통깨 1큰술

만드는 법

1 세척용 무를 강판에 갈아 소금을 넣어 섞은 뒤 껍데기를 제거한 굴을 넣고 상처가 나지 않도록 손으로 조심스럽게 살살 저어 섞는다.
2 ①에서 굴만 손으로 살살 골라 채반에 건져 소금물에 두어 번 씻어 물기를 뺀다.
3 물기를 제거한 굴은 양념 재료의 멸치액젓을 넣고 살살 버무려 10분 정도 둔다.
4 부재료 무와 배는 사방 1㎝ 길이로 나박썰고, 쪽파는 송송 썬다. 홍고추는 반으로 갈라 씨를 털어내고 채 썬다.
5 ③의 굴에 먼저 고운 고춧가루를 넣어 고춧물을 들인 후 덜 고운 고춧가루를 넣고 골고루 버무린다.
6 ⑤의 굴에 ④의 준비한 재료들을 넣고 나머지 양념 재료를 모두 넣어 살살 섞은 뒤 토판염과 통깨를 넣고 다시 한 번 버무린다.

달래굴전

"갓 부친 굴전은 고소하면서도 굴의 향을 고스란히 간직하고 있어 정말 맛있습니다. 굴전을 부칠 때는 달걀물에 달래나 쪽파를 송송 썰어 넣으면 굴 특유의 비린 향을 잡아주고 초록색이 더해져 색감이 한층 예쁘지요."

기본 재료 굴 600g, 무(세척용) 150g, 소금(세척용) 1큰술, 소금물 적당량, 우리밀가루 약간, 달걀 2개, 달래(송송 썬 것) 1큰술, 토판염 약간, 현미유 적당량

만드는 법

1. 세척용 무를 강판에 갈아 소금을 넣어 섞은 뒤 껍데기를 제거한 굴을 넣고 상처가 나지 않도록 손으로 조심스럽게 살살 저어 섞는다.
2. ①에서 굴만 손으로 살살 골라 채반에 건져 소금물에 두어 번 씻어 물기를 뺀다.
3. 깨끗하게 다듬어 씻은 달래는 뿌리 쪽 검은 무근을 제거하고 송송 썬다.
4. 달걀에 토판염을 약간 넣고 곱게 풀어 체에 밭쳐 달걀 끈과 기포를 제거한 뒤 ③의 달래를 넣어 섞는다.
5. 굴에 우리밀가루 옷을 입힌 후 ④의 달걀물을 입혀 현미유를 두른 팬에 올려 양면을 노릇하게 지진다.

감성돔소고기채소찜

"바다 깊은 곳에 사는 감성돔은 귀한 생선 중 하나로 다양한 채소와 소고기를 다져 만든 소를 채워 찜으로 먹으면 별미입니다. 단백질이 풍부할뿐더러 기름기도 없어 항암 환자들에게 추천하고 싶은 음식이에요. 감성돔이 없을 때는 반건조 도미를 이용해도 좋습니다. 다만 건조가 덜된 생선은 찌면 소가 밖으로 흘러나올 수 있으므로 생선 배 내부 부분에 밀가루를 살짝 뿌리면 소가 밖으로 빠져나오는 것을 막을 수 있습니다. 또한 생선과 함께 미나리와 같은 제철 채소를 더하면 보기에도 좋고 영양적으로도 밸런스를 맞출 수 있습니다."

기본 재료 반건조 감성돔 1마리, 소고기(양지)·숙주 150g씩, 미나리(줄기 부분) 100g, 표고버섯 2장, 우리밀가루 15g, 토판염·후춧가루 약간씩, 현미유 적당량

소 양념 재료 집간장 1작은술, 다진 대파·다진 마늘 10g씩, 참기름·후춧가루 약간씩

만드는 법

1 감성돔은 반건조로 준비하되 건조가 덜된 것은 생선 내부 배 부분에 밀가루를 약간 뿌린다.

2 숙주는 머리와 꼬리를 제거하고, 미나리는 줄기 부분만 준비해 각각 0.5㎝ 길이로 송송 썬다.

3 표고버섯은 손질해 채 썰어 달군 팬에 현미유를 약간 두르고 토판염으로 간해 볶는다.

4 소고기 양지는 채 썰어 토판염과 후춧가루를 약간 넣고 조물조물 무친다.

5 숙주와 미나리, 표고버섯, 소고기 양지를 한데 섞어 양념 재료를 넣고 조물조물 무쳐 소를 만든다.

6 감성돔 배에 ⑤의 소를 채운 뒤 소가 밖으로 빠져나오지 않도록 조리용 끈으로 잘 묶는다.

7 김이 오르는 찜기에 감성돔을 올려 뚜껑을 닫고 25분간 찐 뒤 불을 끄고 2~3분 정도 뜸을 들인다.

8 취향에 맞게 채 썬 지단을 올리거나 제철 채소와 고명을 올려 상에 낸다.

세모가사리들기름볶음

"자연산 세모가사리의 끈적한 점액질에는 후노란이라는 유산 다당이 함유되어 있어 면역기능을 강화해 암세포의 증식을 억제해주고, 방사선과 같은 독소 물질을 몸 밖으로 배출해줘 항암 환자들에게 추천하고 싶은 식재료 중 하나입니다. 다만 바위에 붙어사는 세모가사리는 손질이 잘 되어 있는 것으로 구입해야 이물질이 씹히지 않아요. 세모가사리는 된장찌개에 넣어 먹으면 오독하면서도 보드라운 식감이 좋아요. 말린 세모가사리는 주로 들기름으로 볶아 먹는데 볶기 전에 들기름을 넣고 손으로 조물조물 무쳐 기름이 충분히 스며들게 해 약불에서 재빨리 볶아야 타지 않습니다. 이렇게 볶아낸 세모가사리는 바삭한 식감과 구운 김처럼 맛이 고소한데 자반처럼 밥에 뿌려 먹어도 좋고 주먹밥을 만들 때 넣어도 별미지요."

기본 재료 말린 세모가사리 한 줌, 압착 생들기름 적당량, 유기농 원당·거피 통깨 약간씩

만드는 법

1 팬에 세모가사리와 들기름을 넣은 뒤 손으로 세모가사리에 들기름이 흡수되도록 가볍게 버무린다.

2 ①을 약불에서 보랏빛이 날 때까지 3분 정도 저어가며 재빨리 볶고 불을 끈다.

3 잔열이 사라지기 전에 유기농 원당과 거피 통깨를 약간만 넣어 고루 섞는다.

간장게장

"간장게장에 사용되는 꽃게는 살아 있는 것보다는 살아 있을 때 급속 냉동한 것을 사용하는 것이 좋습니다. 그래야 게장으로 만들었을 때 살이 녹지 않고 식감이 탱글탱글해요. 또 게장의 간장물을 만들 때는 육수를 먼저 끓여 완전히 식힌 뒤 집간장을 넣어 섞어야 간장의 이로운 미생물들이 사멸되지 않아요. 만든 간장게장은 3일 냉장고에서 숙성시킨 후에 냉동 보관해야 짜지 않고 맛있게 먹을 수 있습니다."

기본 재료 급속 냉동 꽃게 1kg, 집간장 200㎖, 레몬·마늘 20g씩, 생강 10g, 청양고추 2개, 홍고추 1개

육수 재료 생수 1ℓ, 뿌리다시마 20g, 양파 1개, 대파 50g, 생강 10g, 마늘 60g, 당귀·감초 1조각씩

만드는 법

1. 꽃게는 솔로 몸통 전체를 문질러 닦은 뒤 살이 없는 다리 끝부분은 가위로 잘라 따로 둔다. 깨끗이 씻은 꽃게는 배딱지를 손으로 떼어낸다.
2. 냄비에 육수 재료와 ①의 잘라둔 꽃게 다리 끝부분을 넣고 40~50분 정도 끓여 국물이 반으로 줄면 불을 끄고 완전히 식힌다.
3. ②의 식힌 육수는 면보로 걸러 집간장을 넣어 섞는다.
4. 레몬, 마늘, 생강은 편으로 썰고 홍고추, 청양고추는 어슷썰기 한다.
5. 소독한 통에 ①의 꽃게와 ③의 간장을 부은 뒤 손질한 ④의 재료들을 넣고 뚜껑을 닫고 3일 정도 냉장고에서 숙성시킨 후 먹는다.

녹두부침개

"온반에 넣어 먹기도 하고 그냥 먹어도 맛있는 녹두부침개는 온반에 넣는 용으로 만들 때는 거친 식감이 느껴지도록 녹두를 성글게 가는 것이 중요합니다. 고기나 고사리 등이 들어가지 않지만 담백하면서도 고소한 맛으로 일반 녹두부침개 못지않게 맛이 좋습니다. 녹두는 해독작용이 뛰어나 방사선과 항암 치료 중인 환자들에게 좋은 식재료이므로 맛이 제대로 든 겨울 배추와 무가 있다면 꼭 만들어 먹어 보길 추천합니다."

기본 재료 거피 녹두·배추 속잎 100g씩, 무 50g, 토판염 1작은술, 현미유 적당량, 생수 ½컵

만드는 법

1. 준비한 거피 녹두는 미온수에 5시간 정도 담가 불린 후 물을 버리고 바락바락 주물러 혹시 남아 있을 껍질을 벗긴다.
2. ①의 녹두를 맑은 물이 나올 때까지 여러 번 헹군 뒤 체에 밭쳐 물기를 제거한다.
3. 믹서에 ②의 녹두와 생수를 붓고 거칠게 간다.
4. 배추 속잎과 무는 굵게 채 썰어 끓는 물에 살짝 데쳐 물기를 꼭 짠 뒤 송송 썬다.
5. ③의 간 녹두에 ④의 배추와 무를 넣고 토판염으로 간해 고루 버무린다.
6. 달군 팬에 현미유를 넉넉하게 두르고 ⑤의 반죽을 올려 지름 7㎝ 정도가 되도록 펴고 양면을 노릇하게 지진다.

떡갈비

"소고기 치마양지는 기름기가 적고 구우면 부드러워 떡갈비를 만들기에 더없이 좋은 부위입니다. 다만 정육점에서 간 고기는 식감이 살지 않기 때문에 조금 번거롭더라도 칼로 직접 다져야 맛있습니다. 이 떡갈비는 옛날 궁중식으로 잣과 표고버섯, 대추를 넣어 영양을 더했으며 소량의 마른 찹쌀가루를 넣어 떡갈비가 부서지지 않도록 했어요. 떡갈비를 구울 때는 프라이팬에 앞뒤로 먼저 굽고 예열한 오븐에서 다시 한 번 구워야 육즙이 빠지지 않습니다."

기본 재료 소고기(치마양지) 600g, 찹쌀가루 1큰술, 표고버섯 30g, 잣 20g, 대추·밤 30g씩, 현미유 약간

양념 재료 양파즙·배즙·아카시아꿀 3큰술씩, 집간장·참기름 2큰술씩, 다진 대파 3큰술, 다진 마늘 1½큰술

만드는 법

1 기름기 없는 소고기 치마양지를 준비해 칼로 굵게 다진다.
2 다진 치마양지에 재료를 섞어 만든 양념을 절반 정도 넣고 고루 섞어 40분 정도 재운다.
3 표고버섯과 잣, 밤은 곱게 다지고, 대추는 돌려 깎아 씨를 제거한 후 곱게 채 썬다.
4 ②의 치마양지에 손질한 ③의 재료, 찹쌀가루, 남은 양념을 넣고 고루 섞은 후 끈기가 나도록 치댄다.
5 치댄 고기 반죽을 6등분하여 동그랗고 넓적한 모양으로 만든다.
6 달군 프라이팬에 현미유를 약간 두르고 ⑤의 떡갈비를 올려 양면을 타지 않게 구운 후 250℃ 온도로 예열한 오븐에서 10분 정도 더 굽는다.

소고기육포현미고추장무침과 고추장멸치짠지

"집간장을 베이스로 한 건강한 육포를 넉넉히 만들었다면 간식으로 먹어도 좋고 고추장 양념에 무쳐 밥반찬으로 만들어도 별미입니다. 단백질 공급원으로도 훌륭하고 칼칼한 양념이 입맛을 돋우기에도 더없이 좋지요. 겨울이 되면 저는 김치처럼 멸치짠지를 즐겨 만들어 먹어요. 멸치를 볶지 않고 마치 나물 무치듯 양념에 무쳐 먹는데 보통의 멸치볶음처럼 식감이 딱딱하지 않고 소고기육포현미고추장무침과 마찬가지로 매콤한 감칠맛으로 입맛을 돋우기에 좋은 반찬입니다."

소고기육포현미고추장무침 재료 소고기육포 100g, 현미고추장 2큰술, 조청 1큰술, 참기름 1작은술, 채 썬 마늘 약간, 거피 통깨 1작은술, 실고추 약간

고추장멸치짠지 재료 죽방멸치(중멸치) 100g, 현미고추장·집간장·조청 2큰술씩, 아카시아꿀·거피 통깨 1작은술씩

만드는 법

1. 소고기육포는 가위로 폭 0.5㎝, 3㎝ 길이로 먹기 좋게 썬다.
2. 볼에 현미고추장, 조청, 참기름, 채 썬 마늘, 거피 통깨를 넣어 골고루 섞은 뒤 ①의 육포를 넣어 고루 무쳐 실고추를 고명으로 올려 낸다.
3. 중간 크기의 멸치를 준비해 머리와 내장을 제거한다.
4. 프라이팬에 현미고추장과 집간장, 조청을 넣고 저어가며 끓이다 바글바글 끓으면 불을 끄고 손질한 멸치를 넣어 나물처럼 무치듯 섞는다.
5. ④에 아카시아꿀과 통깨를 넣어 다시 한 번 섞어 고추장멸치짠지를 완성한다.

곶감장아찌와 황태채장아찌

"담백하면서도 매콤한 황태채장아찌와 달콤하면서도 매콤한 곶감장아찌는 환절기 입맛을 돋우기에 좋은 밑반찬 중 하나입니다. 항암 치료를 할 때는 육류의 냄새가 자극적으로 느껴져 단백질 섭취를 제대로 하지 못하는 경우가 많은데 이럴 때 황태채로 장아찌를 담가 먹으면 단백질 공급과 함께 입맛을 돋울 수 있습니다. 또한 황태는 해독 작용이 뛰어나 항암 환자에게는 더없이 좋은 식재료 중 하나이기도 하고요. 명절 선물로 곶감을 많이 받았다면 장아찌로 담가보세요. 곶감장아찌를 담글 때는 완전히 건조된 곶감을 사용해야 장아찌에 물이 생기지 않고 장아찌를 담갔던 고추장도 재사용할 수 있습니다."

황태장아찌 재료 황태채·흑보리고추장 300g씩, 현미조청 100g, 참기름 3큰술, 거피 통깨 2큰술, 실고추 약간, 마늘채 20g

곶감장아찌 재료 대봉시 곶감 5개, 현미고추장(또는 고추장) 70g, 현미조청(또는 조청) 2큰술, 참기름 1큰술, 거피 통깨 1작은술, 실고추 약간

만드는 법

1 황태채는 먹기 좋은 크기로 잘라 흑보리고추장에 버무려 작은 옹기 단지에 담아 한 달 이상 숙성시킨다.

2 ①의 숙성된 황태채는 먹기 직전에 현미조청, 참기름, 거피 통깨, 마늘채를 넣어 고루 무친 뒤 실고추를 고명으로 올려 낸다.

3 곶감은 꼭지를 떼고 4쪽으로 잘라 씨를 제거한다.

4 손질한 곶감에 현미고추장을 넣어 무쳐 작은 옹기 단지에 담아 한 달 이상 숙성시킨다.

5 ④의 숙성된 곶감은 먹기 직전에 현미조청, 참기름, 거피 통깨를 넣어 무친 뒤 실고추를 고명으로 올린다.

PART 3

보양식 탕과 전골

면역력이 약한 항암 환자들은 환절기에 감기나 폐렴 등을 앓기 쉽다. 이럴 때일수록 양질의 단백질과 비타민을 공급해 면역력을 길러줘야 한다. 다양한 채소를 기본으로 해 해독작용이 뛰어난 것은 물론 담백한 소고기와 생선, 해산물을 더한 보양식 국물 요리를 소개한다.

대파불고기전골

"기름기가 적은 불고기는 단백질을 섭취해야 하는 항암 환자들에게 더없이 좋은 음식 중 하나입니다. 다만 항암 환자의 경우 향이 강한 식재료에 대한 거부 반응이 있을 수 있으므로 너무 다양한 채소를 넣기보다는 맛을 내는 데 꼭 필요한 식재료만 몇 가지 넣는 것이 좋습니다. 다시마멸치 육수를 베이스로 만든 국물이 풍부한 불고기전골로 국처럼 밥을 말아 먹어도 좋고, 국수나 당면을 삶아 말아 먹어도 맛있습니다. 떡을 넣어 먹으면 따로 밥을 먹지 않아도 한 끼 식사로 충분한데 흰쌀 대신 현미가래떡을 넣으면 식감도 훨씬 부드럽고 맛도 구수합니다."

기본 재료 소고기(불고기용) 300g, 현미가래떡 2줄, 대파(또는 움파) 3대, 표고버섯 3장, 배 200g, 집간장 3큰술, 꿀 2큰술, 다진 마늘 15g, 후춧가루 약간, 다시마멸치 육수 3컵

만드는 법

1 불고기용 소고기는 찬물에 빠르게 한 번 헹궈 핏물을 빼 물기를 제거한다.
2 배는 껍질을 벗기고 강판에 갈아 면보에 걸러 배즙만 소고기에 넣고 고루 버무려 냉장고에 넣어 1~2시간 정도 둔다.
3 볼에 집간장, 꿀, 다진 마늘, 후춧가루를 넣고 섞어서 ②의 소고기에 넣어 버무린 뒤 참기름을 넣고 한 번 더 버무려 냉장실에서 30분 정도 숙성시킨다.
4 대파와 현미가래떡은 4㎝ 길이로 썬다. 표고버섯은 먹기 좋게 편 썬다.
5 전골냄비에 다시마멸치 육수를 붓고 끓기 시작하면 숙성시킨 ③의 불고기를 넣고 한소끔 끓인 뒤 현미가래떡, 표고버섯, 대파, 후춧가루를 넣고 한 번 더 끓인다.

여름 채소소고기장국

"항암 환자는 단백질 섭취가 무엇보다 중요한데 항암을 하고 나면 육류 특유의 향이 진하게 나는 음식이 넘어가지 않더라고요. 여름 채소소고기장국의 소고기는 오랫동안 끓여서 고기 특유의 향을 날려버리고 호박, 가지, 오이, 감자, 열무, 부추, 고춧잎 등 여름 채소를 듬뿍 넣어 맑은 육개장처럼 즐길 수 있습니다. 고기는 푹 익어 목구멍으로 부드럽게 넘어가고 칼칼한 고추를 썰어 넣어 개운한 맛도 나 입맛을 살리면서도 양질의 단백질을 충분히 섭취할 수 있는 여름 별미 중 하나입니다."

기본 재료 소고기(사태) 600g, 소고기(양지) 300g, 생수 4ℓ, 다시마멸치 육수 3ℓ, 호박·가지·오이·감자 2개씩, 열무 100g, 부추 70g, 고춧잎 50g, 홍고추·청고추 2개씩, 대파 2대, 집간장·토판염 약간씩

만드는 법

1 소고기 사태와 양지는 찬물에 담가 물을 바꿔가며 핏물을 제거한 후 냄비에 생수를 붓고 끓으면 넣어 1시간 20분 정도 충분히 삶아 국물은 따로 식히고 고기는 식혀 편으로 썬다.

2 호박, 가지, 오이는 반으로 가른 후 먹기 좋은 크기로 썰고, 감자는 껍질을 벗긴 후 먹기 좋은 크기로 썬다.

3 열무는 다듬어 씻어 끓는 물에 데치고, 고춧잎은 다듬어 씻어 살짝 데친다.

4 부추는 4㎝ 길이로 썰고, 대파는 길이로 반 갈라 4㎝ 길이로 썬다. 청고추와 홍고추는 반으로 갈라 씨를 제거한 뒤 송송 썬다.

5 ①의 소고기 육수에 다시마멸치 육수와 썰어 놓은 소고기를 넣고 끓으면 파, 고추, 부추, 고춧잎을 제외한 나머지 채소를 모두 넣고 감자가 익을 때까지 끓인다.

6 ⑤에 파, 고추, 부추, 고춧잎을 넣고 한소끔 끓여 집간장과 토판염으로 간한다.

민물장어탕

"단백질과 칼슘 등 영양이 풍부한 민물장어는 여름 대표 보양식품 중 하나입니다. 힐링 센터를 운영할 때는 항암 환자 분들을 위해 여름에는 꼭 민물장어탕을 끓여 드리곤 했어요. 단, 민물장어는 손질을 제대로 하지 않으면 민물 생선 특유의 비린 맛이 강해 비위가 약한 항암 환자들은 먹기가 어렵습니다. 장어는 비늘은 없지만 미끈거리는 점액질이 많은데 이 점액질을 제대로 제거해야 비린 맛이 나지 않아요. 점액질을 제거하기 위해서는 끓는 물에 장어를 담갔다가 재빨리 건져낸 뒤 찬물에 담가야 해요. 면장갑을 끼고 머리부터 꼬리까지 미끈거리지 않을 때까지 훑듯이 씻습니다. 큰 민물장어는 검고 뼈도 짙은 회색이면서 굉장히 굵고 튼튼해 1시간 30분 이상 끓여 어느 정도 뼈가 녹으면 아주 성근 체에 뼈는 걸러내고 생선 살의 식감은 어느 정도 느낄 수 있도록 하는 것이 중요해요. 얼갈이배추와 열무는 미리 삶아 된장 양념을 해놓고 불을 끄기 30분 전에 넣어야 식감이 살아요. 들깨는 가루로 된 것을 사지 말고 생들깨를 믹서에 갈아 넣으면 훨씬 더 고소합니다."

기본 재료 장어 2kg, 생수(장어 삶는 용) 5ℓ, 통생강 15g, 삶은 얼갈이배추 1kg, 삶은 어린 열무 800g, 부추 400g, 들깨순·생들깨 200g씩, 생수(생들깨 가는 용) 500㎖, 된장·다진 마늘 5큰술씩, 말린 고추 60g, 초피 가루 약간

얼갈이·열무 양념 재료 된장·다진 마늘 2큰술씩, 토판염 약간, 집간장 1큰술

만드는 법

1. 큰 솥에 물을 넉넉하게 붓고 팔팔 끓으면 장어를 넣고 나무 주걱으로 한 번 뒤적인 후 바로 꺼내 흐르는 찬물에 면장갑을 끼고 훑어 점액질이 없어지도록 뽀득하게 씻는다.
2. 큰 솥에 생수를 붓고 손질한 장어와 통생강을 넣어 뼈가 녹아 곰탕이 될 때까지 2시간 정도 끓인다.
3. ②의 장어곰탕을 체에 밭쳐 걸러 혹시 남아 있을 억센 뼈를 걸러낸다.
4. 데쳐 물기를 꼭 짠 얼갈이와 열무는 각각 양념을 넣어 조물조물 밑간한다.
5. 생들깨는 씻어 조리로 일어 생수와 함께 믹서에 곱게 간다.
6. ③의 장어곰탕에 된장을 풀고 다진 마늘과 ④의 양념한 얼갈이배추와 열무를 넣고 30분 정도 푹 끓인 뒤 ⑤의 간 생들깨를 넣어 한소끔 더 끓인다.
7. ⑥에 먹기 좋게 썬 부추, 들깨순, 믹서에 굵게 간 건고추를 넣고 한소끔 끓으면 초피 가루를 취향에 맞게 넣는다.
8. 간을 보아 싱거우면 집간장이나 토판염으로 맞춘다.

송이버섯국

"송이버섯은 강렬하면서도 독특한 향으로 남녀노소 누구나 좋아할 만합니다. 송이버섯의 독특한 향은 마쓰다케올이라는 성분 때문인데, 이 성분은 식욕 증진과 산화효소의 분비를 촉진하는 작용뿐 아니라 면역력을 키워주고 항암작용도 하지요. 송이버섯이 유독 싼 해가 있다면 넉넉하게 구입해 손으로 찢어 말려 냉동 보관해가며 사용해도 좋습니다. '국물이 시원하다'는 말의 유래는 아마 이 송이버섯국에서 유래되지 않았나 싶어요. 그 정도로 송이버섯국은 먹으면 개운해 항암치료를 받은 후 울렁거리는 속을 달래주기에 더없이 좋습니다."

기본 재료 송이버섯 2개, 소고기(양지) 200g, 생수 3ℓ, 토판염 약간

만드는 법

1 송이버섯은 밑동을 세라믹칼이나 대나무칼로 흙이 묻은 부분을 살살 긁어낸다. 송이버섯의 갓과 기둥은 깨끗한 면보로 닦아 흙이나 불순물을 제거한다.

2 손질한 송이는 먹기 좋은 크기로 손으로 찢거나 칼로 썬다.

3 소고기 양지는 찬물에 물을 바꿔가며 1시간 정도 담가 핏물을 뺀다.

4 냄비에 생수 3ℓ를 붓고 끓으면 양지를 넣고 1시간 20분 정도 거품을 걷어가며 끓인다.

5 ④의 양지 육수는 차게 식혀 면보에 걸러 기름기를 제거한다.

6 냄비에 ⑤의 양지 육수를 4컵 붓고 끓기 시작하면 송이버섯을 넣고 바로 불을 끈 후 토판염으로 간한다.

연포탕

"면역력이 약한 항암 환자들은 환절기에 감기나 폐렴 등을 앓기 쉬워요. 이럴 때일수록 양질의 단백질과 비타민을 공급해 면역력을 길러줘야 합니다. 낙지와 박을 넣어 끓인 연포탕은 최고의 보양식 중 하나입니다. 무 대신 박을 넣어 연포탕을 끓이면 국물이 훨씬 시원하고 감칠맛도 아주 좋아요. 해독작용도 뛰어나 항암 환자를 위한 보양식으로 최고입니다. 박의 푸른 껍질 부분은 쓴맛이 나기 때문에 껍질을 깨끗하게 제거하고 낙지는 마지막에 넣어 살짝 익혀야 식감이 질기지 않습니다."

기본 재료 낙지 4마리, 박(손질한 것) 500g, 토판염 1큰술, 대파(흰 부분) 1대, 홍고추 1개, 다시마멸치 육수 2컵

만드는 법

1 박은 껍질을 벗기고 씨를 제거한 후 먹기 좋은 크기로 나박썰기를 한다.
2 대파와 홍고추는 어슷썬다.
3 낙지는 내장을 제거하고 밀가루와 소금을 뿌려 주무른 뒤 빨판에 이물질이 붙어 있지 않도록 흐르는 물에 깨끗하게 헹군다.
4 냄비에 다시마멸치 육수를 부어 끓기 시작하면 나박썰기 한 박을 넣어 끓이고 박이 익어 떠오르면 손질해 둔 낙지를 넣고 바로 불을 끈다.
5 토판염으로 간한 뒤 그릇에 담고 어슷썰기 한 대파와 홍고추를 고명으로 올린다.

콩탕

"사포닌이 풍부해 백태가 주재료인 요리들은 대부분 잘 넘칩니다. 특히 콩탕은 정말 잘 넘쳐 끓일 때 찬물을 중간 중간 붓는 경우가 많아요. 하지만 찬물을 넣으면 콩탕의 점도가 묽어지고 맛도 떨어집니다. 콩탕이 끓어 넘치려고 할 때 찬물 대신 들기름을 한 방울 정도 넣으면 신기하게 거품이 가라앉더라고요. 저희 할머니에게 배운 비법으로 거품이 사그라드는 것은 물론 고소한 들기름이 더해지면서 맛까지 좋아집니다. 콩탕에 사용되는 콩은 식감이 느껴지도록 거칠게 가는 것이 좋아요. 집에 묵은지나 신김치가 있다면 들기름을 약간 넣어 달달 볶다가 육수를 더해 끓이는데 콩물이 넘치지 않도록 조심스럽게 부어 너무 오래 끓이지 않고 거품이 부르르 올라오면 바로 불을 끕니다. 수술 등으로 매운 것에 민감한 분들은 김치를 깨끗하게 씻어서 사용하세요. 자극적이지 않으면서도 깔끔한 맛의 콩탕을 즐길 수 있습니다."

기본 재료 콩(백태) 200g, 신김치 100g, 들기름 1큰술, 다시마멸치 육수 3컵, 콩 불린 물 1컵, 대파 약간

만드는 법

1. 백태는 깨끗하게 씻어 5~6시간 정도 불린다. 이때 백태 불린 물 1컵을 따로 둔다.
2. 믹서에 ①의 불린 콩과 콩 불린 물을 넣고 질감이 살도록 거칠게 간다.
3. 신김치는 고춧가루가 보이지 않도록 깨끗하게 씻어 0.3㎝ 두께로 얇게 채 썬다.
4. 뚝배기에 들기름을 두른 뒤 썰어놓은 신김치를 넣고 약불에서 볶다가 다시마멸치 육수를 붓고 끓기 시작하면 ②의 간 콩물을 조금씩 나누어 붓는다.
5. 콩탕이 끓기 시작하면 약불로 줄여 끓어 넘칠 듯할 때 들기름을 소량 넣고 송송 썬 대파를 올린 뒤 불을 끈다.

토란들깨탕

"토란에 함유된 갈락탄 성분은 면역력을 높여 암세포가 증가하는 것을 막아 줍니다. 또한 궤양 예방에도 효과가 있으며 단백질과 지방의 소화를 도와줘 간을 튼튼하게 하고 장 건강에도 도움을 주지요. 토란들깨탕은 한 끼 보양식으로 즐기기도 좋아요. 영양 만점 토란과 함께 고급 지방산인 오메가-3가 풍부하게 함유된 들깨가 더해졌기 때문입니다."

기본 재료 토란 500g, 들깨 1컵, 찹쌀 2큰술, 토판염 약간, 쌀뜨물 적당량, 생수 2컵

만드는 법

1 토란은 장갑을 끼고 껍질을 벗긴 후 씻어 냄비에 담고 토란이 잠길 정도로 쌀뜨물을 부어 끓이다가 끓어오르면 5분 후 불을 끈다.
2 들깨는 깨끗하게 씻어 조리로 일은 뒤 믹서에 찹쌀, 생수와 함께 곱게 갈아 면보에 걸러 들깨즙을 준비한다.
3 웍에 들기름을 두르고 손질해 놓은 토란을 넣고 뭉개지지 않도록 나무 주걱으로 부드럽게 볶는다.
4 ③에 ②의 들깨즙을 부어 고루 섞은 후 한소끔 끓으면 토판염으로 간하고 불을 끈다.

맑은 대구탕

"국물이 맑은 대구탕은 담백하면서도 시원한 겨울철 최고의 별미 중 하나입니다. 대구는 기름기 없이 단백질이 풍부한 생선으로 항암 환자에게는 더없이 좋은 식재료이기도 하고요. 대구탕은 경상도 지방에서는 예전엔 산모가 애를 낳으면 미역국 대신 대구탕을 끓여주었을 정도로 영양적인 면에서도 훌륭한 음식 중 하나입니다. 일반 식당에서 판매되는 대구탕의 대구는 대부분 염장해 냉동한 것을 사용합니다. 그래서 식감이 부드럽지 않고 퍽퍽한 경우가 많죠. 싱싱한 생물 대구는 비린내도 없고 살도 부드러워 목 넘김이 좋습니다. 대구는 토막을 내 끓이지 않고 살만 포를 떠 넣으면 한결 먹기가 편하답니다. 다만 대구살은 잘 부서지기 때문에 포를 뜬 생선에 고운 소금을 뿌려 1시간 정도 두면 단백질이 응고되어 끓여도 살이 국물에 풀어지지 않습니다. 또 머리와 뼈를 육수로 내 사용하면 국물이 한결 구수하고 시원합니다."

기본 재료 대구 2kg, 고운 토판염 10g, 무 200g, 미나리·쑥갓 100g씩, 대파 1대, 청양고추 2개, 홍고추 1개, 두부 100g, 다진 마늘 20g, 생수 4ℓ

만드는 법

1. 대구는 손질해 머리를 자르고 살은 포를 뜬 뒤 토판염을 뿌려 1시간 정도 둔다. 머리와 뼈는 따로 둔다.
2. 무는 껍질을 벗겨 0.5㎝ 두께로 네모지게 썰고, 두부는 1㎝ 두께로 네모지게 썬다.
3. 미나리와 쑥갓은 4㎝ 길이로 썬다. 홍고추와 청양고추는 씨를 제거해 어슷썰고 대파도 어슷썬다.
4. 냄비에 생수를 붓고 대구 머리와 뼈를 넣어 40분 정도 끓인 후 머리와 뼈를 건져낸다.
5. ④에 나박썰기 한 무를 넣고 한소끔 끓으면 ①의 대구 살과 두부를 넣는다.
6. ⑤가 끓으면 미나리, 쑥갓, 대파, 고추, 다진 마늘을 넣고 한소끔 더 끓여 낸다.

토종배추 맑은 육개장

"대부분 육개장에 토란대나 고사리를 넣으면 특유의 향과 질긴 식감 때문에 먹지 못하는 분들이 꽤 있습니다. 질 좋은 사태와 양지를 푹 익히고 육수는 맑게 거르면 잡내 없이 국물 맛이 깨끗합니다. 특히 우리의 토종배추를 뿌리까지 손질해 데쳐 국을 끓이면 달착지근한 맛이 더해져 더욱 맛있지요. 또 육개장에 대파를 듬뿍 넣으면 단맛이 더해져 맛있는데 이때 대파는 한 번 데쳐 넣어야 특유의 미끈거림을 제거할 수 있습니다. 이 맑은 육개장은 그냥 먹어도 맛있고 된장을 약간 풀어 넣어도 별미입니다."

기본 재료 소고기(사태) 600g, 소고기(양지) 400g, 양파 300g, 생수 4ℓ, 삶은 토종배추 우거지 700g, 숙주 500g, 대파 3대, 집간장 4큰술, 토판염 약간, 다진 마늘 2큰술

만드는 법

1. 소고기 사태와 양지는 찬물에 담가 물을 바꿔가며 1시간 정도 핏물을 제거한다.
2. 냄비에 생수를 붓고 끓기 시작하면 소고기 사태와 양지, 양파를 넣고 1시간 20분 정도 중불에서 충분히 삶아 고기는 건져 식히고 국물은 식혀 면보에 거른다.
3. 삶은 토종배추 우거지는 찬물에 30분 정도 담갔다가 물기를 꼭 짜 5~6㎝ 길이로 썬다.
4. 대파는 5~6㎝ 길이로 썰어 끓는 물에 데친다.
5. 숙주는 머리와 꼬리를 제거한 후 씻어 물기를 빼둔다.
6. ②의 삶은 사태와 양지는 식혀 굵게 결대로 찢고, 육수는 면보에 거른다.
7. 냄비에 ⑥의 육수를 붓고 팔팔 끓으면 찢어놓은 소고기와 ③의 배추 시래기를 넣어 한소끔 끓인다.
8. ⑦에 대파, 숙주, 다진 마늘을 넣고 집간장으로 간하여 한소끔 끓으면 부족한 간은 토판염으로 맞추고 불을 끈다.

열구자탕

"추운 겨울 끓여가며 먹는 열구자탕은 궁중 요리로 몸을 따뜻하게 해주는 귀한 음식 중 하나입니다. 육류와 채소류가 고루 들어 있어 부족하기 쉬운 단백질과 영양분을 골고루 섭취할 수 있습니다."

기본 재료 소고기 사태·우둔살 600g씩, 생수 4ℓ, 대파 1대, 통후추 1작은술, 통마늘 10개, 무·당근 100g씩, 호두 3알, 은행 12알, 집간장·토판염 약간씩

육전 재료 소고기(우둔살) 50g, 집간장·배즙·양파즙·다진 대파(흰 부분)·다진 마늘·유기농 원당·백후춧가루·참기름 약간씩, 밀가루·달걀물·현미유 적당량씩

완자 재료 소고기(우둔살)·두부 50g씩, 토판염·백후춧가루·참기름 약간씩

대구전 재료 대구포(또는 흰살생선) 100g, 토판염·후춧가루 약간씩, 밀가루·달걀물·현미유 적당량씩

미나리초대 재료 미나리 50g, 밀가루·달걀물·현미유 적당량씩

표고버섯전 재료 마른 표고 3장, 밀가루·달걀물·현미유 적당량씩

만드는 법

1. 핏물을 뺀 소고기 사태와 우둔살은 큰 냄비에 생수를 붓고 대파, 통후추, 통마늘을 넣고 한소끔 끓으면 사태와 우둔을 넣고 1시간 20분 정도 끓인다. 고기는 식혀 결 반대 방향으로 얇게 편 썰고 육수는 따로 둔다.
2. 무와 당근은 5㎝ 길이로 토막 내 ①의 고기 끓인 물에 넣어 15분 정도 익힌 후 신선로 틀에 맞게 썬다. 호두는 뜨거운 물에 10분 불려 꼬지를 이용해 속껍질을 벗긴다. 은행은 식용유를 약간 둘러 달군 팬에 볶아 속껍질을 벗긴다.
3. 육전 재료 중 소고기는 4㎝ 두께로 얇게 포를 떠 칼등으로 두들겨 부드럽게 만든 뒤 양념 재료를 넣어 버무린다. 양념이 밴 고기 양면에 밀가루를 묻히고 달걀물을 입혀 현미유를 두른 팬에 올려 부친 뒤 신선로 틀에 맞게 썬다.
4. 완자 재료 중 소고기는 곱게 다져 물기를 꼭 짠 두부와 토판염과 후춧가루, 참기름을 넣고 끈기가 생길 때까지 치댄 후 지름 1㎝ 크기로 완자를 빚는다.
5. 세장뜨기 한 대구포에 토판염과 후춧가루를 뿌려 밑간하고 밀가루를 묻히고 달걀물을 입혀 현미유를 두른 팬에 올려 부쳐 신선로 틀에 맞게 썬다.
6. 미나리의 잎과 뿌리는 떼어내고 줄기만 씻어 위아래 부분 모두 꼬치에 꿰어 밀가루를 골고루 묻히고 달걀물을 입혀 현미유를 두른 팬에 올려 부친다. 완성된 미나리초대는 꼬치를 빼고 신선로 틀에 맞게 썬다.
7. 마른 표고버섯은 미지근한 물에 1시간 불려 기둥을 떼고 물기를 짠 후 밀가루를 묻히고 달걀물을 입혀 현미유를 두른 팬에 부쳐 신선로 틀에 맞게 썬다.
8. 준비한 신선로에 삶은 고기, 육전, 대구전, 미나리초대, 표고전, 무, 당근 등의 자투리를 밑에 깔고 예쁘게 썰어놓은 재료들을 틀에 맞춰 돌려 담고 맨 위에 ②의 호두와 은행을 고명으로 얹는다.
9. ①의 육수를 집간장과 토판염으로 간해 ⑧에 붓고 끓여가며 먹는다.

PART 4

건강 담은 일품식

제철 식재료로 지은 솥밥은 감칠맛 넘치는 양념장만 더하면 입맛을 돋우기에도 좋고 영양 또한 풍부하다. 또한 항암 치료 후 잃었던 입맛을 되찾아주는 면 요리와 기름기 없이 단백질이 풍부한 일품식을 소개한다.

곤드레솥밥
달래냉이양념장을 곁들인

"우리 조상들이 보름에 말린 나물을 먹는 이유는 겨우내 부족했던 식이섬유와 무기질을 섭취함으로써 건강을 챙기기 위해서입니다. 곤드레도 그런 이유에서 봄이 오기 전에 가장 먼저 먹는 나물 중 하나입니다. 봄에 채취한 곤드레를 삶아 나물을 삶은 물과 함께 지퍼백에 담아 냉동시켜 두면 1년 내내 맛있게 먹을 수 있지요. 구입해 먹을 때도 말린 것보다는 생것을 삶아 냉동한 것을 구입하는 것이 좋습니다. 곤드레솥밥을 지을 때 쌀은 물이 아닌 소쿠리에 담고 젖은 면보를 덮어 불려야 쌀이 부서지지 않아요. 곤드레는 간장과 들기름으로 밑간해 40분 정도 두었다가 밥이 얼추 되었을 때 넣어야 초록색이 살고 향도 좋습니다. 또한 불을 끄기 직전에 강불로 높여 30초 정도 가열하면 순간 수분이 증발되어 밥이 고슬거리고 차져 한층 맛있게 먹을 수 있습니다. 곤드레솥밥에 넣어 비벼 먹는 양념장은 보통 달래만 넣어 만드는 경우가 많은데, 냉이 뿌리까지 다져 넣으면 훨씬 향긋한 양념장이 됩니다. 집간장이 베이스여서 약간 짜기 때문에 진하게 우린 다시마멸치 육수를 1큰술 넣으면 짜지 않고 감칠맛을 더할 수 있고, 배즙을 1큰술 넣으면 자연스러운 단맛이 납니다. 양념장은 밥을 먹기 직전에 재료를 섞어야 나물의 향긋한 향과 식감이 살아납니다."

기본 재료 곤드레(삶은 것) 200g, 쌀·물 2컵씩, 들기름 2큰술, 집간장 1큰술

달래냉이양념장 재료 달래 70g, 냉이 30g, 홍고추 1개, 집간장 3큰술, 다시마멸치 육수·배즙 1큰술씩, 참기름 2큰술, 깨소금 1작은술

만드는 법

1 쌀은 씻어 소쿠리에 건진 후 젖은 면보를 덮어 30~40분 정도 불린다.

2 삶은 곤드레는 들기름과 집간장으로 조물조물 무쳐 40분 정도 둔다.

3 달래는 뿌리 부분의 지저분한 겉껍질을 벗기고 흙을 깨끗하게 제거해 여러 번 씻어 5㎝ 길이로 썬다. 냉이는 누런 잎을 제거하고 뿌리를 칼등으로 긁어 잔털을 제거하고 여러 번 씻어 물기를 제거하고 다지듯 썬다. 홍고추는 반으로 갈라 씨를 턴 후 다진다. 모든 재료를 섞어 달래냉이양념장을 만든다.

4 밑면이 두꺼운 냄비에 불린 ①의 쌀과 물을 붓고 뚜껑을 덮어 강불에서 끓인다. 밥이 끓기 시작하면 주걱으로 솥 밑바닥까지 뒤적이고 ②의 곤드레를 고루 펴 올리고 약불로 줄인다. 15분 지나 뜸이 들 때쯤 30초 정도 다시 강불로 끓이다 불을 끄고 2~3분 뜸을 들여 그릇에 담아낸다.

5 취향에 맞게 ③의 달래냉이양념장을 넣어 비벼 먹는다.

버섯밥

"다양한 종류의 버섯을 넣고 지은 영양 만점 버섯밥입니다. 버섯을 씻은 물에 다시마를 넣어 우린 뒤 밥물로 사용하면 은은한 감칠맛이 나 사실 양념장 없이도 맛있게 즐길 수 있답니다. 버섯은 오래 익히면 질겨지고 수분도 모두 빠져나가기 때문에 마지막 뜸을 들일 때 넣는 것이 좋습니다."

기본 재료 쌀 5컵, 말린 능이버섯·송이버섯 80g씩, 밤버섯·꾀꼬리버섯 60g씩, 말린 표고버섯 3장, 미지근한 물 8컵, 말린 석이버섯·다시마 10g씩, 참기름 1큰술

양념장 재료 집간장 5작은술, 참기름 2작은술, 홍고추 1개, 다진 파·다진 마늘·불린 석이버섯 약간씩

만드는 법

1 쌀은 씻어 소쿠리에 건진 후 젖은 면보를 덮어 30분 정도 불린다. 이때 쌀뜨물 2컵을 따로 담아둔다.
2 능이버섯은 손질해 한 번 씻어 먹기 좋은 크기로 자른 후 미지근한 물 4컵을 부어 30분 정도 불리고 불린 국물은 따로 받아둔다. 말린 표고버섯도 미지근한 물 4컵을 부어 30분 정도 불리고 불린 국물은 따로 받아둔다. 불린 표고버섯은 칼로 먹기 좋은 크기로 자르고 능이버섯은 적당한 크기로 찢어둔다.
3 ②의 버섯 불린 물을 한데 섞어 다시마를 넣고 20분 후 건져내고 국물을 밥물로 사용할 수 있도록 따로 보관한다.
4 석이버섯은 ①의 쌀뜨물에 넣어 10분 정도 불린 후 깨끗하게 씻어 면보로 물기를 제거한 뒤 곱게 채 썬다.
5 송이버섯과 밤버섯, 꾀꼬리버섯은 불순물을 제거하고 소금물에 담가 씻어 물기를 제거한 후 먹기 좋게 찢어 능이버섯, 표고버섯, 석이버섯과 섞은 뒤 약간의 참기름을 넣어 밑간한다.
6 솥에 불린 쌀을 담고 ③의 버섯다시마물을 5컵 붓고 밥을 짓다 뜸을 들일 때쯤 참기름으로 밑간해둔 ⑤의 버섯을 올리고 뚜껑을 덮어 뜸을 들인다.
7 홍고추는 잘게 다지고 석이버섯은 곱게 채 썬 뒤 나머지 재료를 모두 섞어 양념장을 만든다.
8 완성된 버섯밥을 주걱으로 뒤적여 그릇에 담고 ⑦의 양념장을 곁들여 낸다.

백련잎밥

"백련 잎에는 비타민 E, C, B_{12}, 타닌, 플라보노이드, 알카로이드 등이 함유되어 있어 꾸준히 먹으면 피가 맑아지고 간의 해독을 도와줍니다. 백련잎밥을 만들 때 백련 잎에 생 찹쌀을 싸서 바로 찌면 수분 조절이 되지 않아 찹쌀이 설익거나 된밥이 될 수 있습니다. 때문에 찹쌀을 한 번 찐 후에 백련 잎에 싸야 먹기 좋고 보기도 좋습니다. 또한 백련 잎을 손질하면서 잘라낸 꼭지는 버리지 말고 찜기 안에 물과 함께 넣고 찌면 약성이 배가됩니다."

기본 재료 백련 잎 1장, 찹쌀 500g, 은행 8개, 연근(슬라이스 한 것) 4장, 잣 2큰술, 토판염 1작은술, 생수 1컵

만드는 법

1. 찹쌀은 씻어 소쿠리에 밭치고 젖은 면보를 덮어 2~3시간 정도 불린 뒤 김이 오르는 찜기에 올려 20분 정도 고슬고슬하게 찐다.
2. ①의 찹쌀밥을 큰 볼에 쏟고 토판염과 생수를 섞은 소금물을 조금씩 끼얹어가며 뒤섞어 간한다.
3. 백련 잎은 마른 면 행주로 표면을 닦고 꼭지를 자른 후 4등분한다.
4. 은행은 속껍질을 벗겨 달군 팬에 볶는다. 잣은 마른 행주로 닦아 고깔을 뗀다.
5. 너른 쟁반에 백련 잎을 펴고 그 위에 ②의 찹쌀밥의 4분의 1 분량을 얹은 후 그 위에 은행 2알, 잣 ½큰술, 연근 1장을 올린 뒤 백련 잎 끝 부분, 양옆, 윗부분 순서로 밥을 감싼 후 남은 부분을 접어 넣는다.
6. 김이 오르는 찜기에 ⑤를 넣고 40분 동안 찐다.

송이버섯밥

"송이버섯은 볶거나 구워 먹으면 그 향을 충분히 음미하기 어렵습니다. 그래서 솥밥에 넣거나 국으로 즐기지요. 송이버섯은 껍질에 영양분이 농축되어 있으므로 되도록 껍질을 벗기지 않는 것이 좋습니다. 만약 모양 때문에 껍질을 벗겼다면 다져 양념장에 넣으면 송이버섯의 향이 더해져 솥밥을 더욱 맛있어집니다. 송이버섯은 철과 만나면 영양분이 파괴되므로 일반 칼 대신 되도록 세라믹칼이나 대나무칼로 손질하거나 손으로 찢는 것이 좋습니다."

기본 재료 쌀·생수 3컵씩, 송이버섯 3송이, 은행 10알, 밤 2톨

양념장 재료 집간장·다시마멸치 육수 2큰술씩, 대파 ½대, 쪽파 2줄기, 청고추·홍고추 1개씩, 참기름·거피 참깨 1큰술씩

만드는 법

1 쌀은 씻어 소쿠리에 건진 후 젖은 면보를 덮어 30분 정도 불린다.

2 송이버섯은 칼로 흙이 묻은 밑동 부분을 살살 긁어낸다. 송이버섯의 갓과 기둥은 깨끗한 면보로 닦아 흙이나 불순물을 제거한다. 손질한 송이는 먹기 좋은 크기로 손으로 찢거나 칼로 썬다.

3 은행은 속껍질을 벗기고, 밤은 껍질을 까 채 썬다.

4 밥솥에 불린 쌀과 생수를 붓고 밥이 끓어오르면 뚜껑을 열고 주걱으로 고루 섞은 후 약불로 줄인다.

5 밥물이 자작해져 거품이 없어질 때쯤 손질해 둔 송이버섯과 은행, 밤을 올린 후 불을 끄고 10분 정도 충분히 뜸을 들인다.

6 대파와 쪽파, 청고추와 홍고추는 잘게 썰고 분량의 재료들을 섞어 양념장을 만들어 송이버섯밥에 곁들여 낸다.

더덕솥밥

"더덕은 산에서 나는 고기라고 불릴 정도로 영양가가 높은 뿌리식물로 우리 몸에 기운을 북돋워 주는 식재료 중 하나입니다. 특히 더덕에는 사포닌과 섬유질, 비타민 등이 풍부하게 들어 있어 생활습관병 예방에도 효과가 있습니다. 이러한 더덕을 이용해 만든 솥밥은 양념장을 더해 먹으면 몸에도 이롭고 맛도 좋습니다. 더덕솥밥을 지을 때 주의할 점은 솥밥의 뜸을 들일 때 더덕을 넣어야 한다는 겁니다. 그래야 더덕의 색이 노랗게 변색되지 않고 아삭한 식감을 살릴 수 있습니다. 밥이 끓기 시작하면 주걱으로 골고루 뒤적인 후 썰어놓은 더덕을 넣고 더덕이 공기와 닿지 않도록 밥으로 감싸듯 섞어주는 것이 중요합니다. 또 손질한 후 남은 잔뿌리는 버리지 않고 잘게 다져 양념에 넣으면 더덕의 은근한 향기를 더할 수 있습니다."

기본 재료 쌀·생수 2컵씩, 더덕 150g

양념장 재료 집간장 3큰술, 참기름 2큰술, 거피 깨소금 1큰술, 다시마멸치 육수 2큰술, 홍고추 1개, 달래 50g, 더덕 잔뿌리 30g

만드는 법

1. 쌀은 씻어 소쿠리에 건진 후 젖은 면보를 덮어 30분 정도 불린다.
2. 더덕은 너무 굵지 않은 것으로 준비해 흐르는 물에 표면의 흙을 깨끗하게 씻은 후 칼로 돌려 깎거나 필러로 껍질을 벗긴 뒤 3㎝ 길이로 채 썬다.
3. 솥에 불려놓은 쌀과 물을 넣고 밥을 짓는다. 이때 밥물이 우르르 끓어오르면 뚜껑을 열고 주걱으로 바닥의 쌀과 위의 쌀이 골고루 섞이도록 저어주고 뚜껑을 닫아 약불에서 10분 정도 끓이다 손질해 둔 ②의 더덕을 올리고 밥으로 더덕을 감싸 안듯 섞는다.
4. ③의 솥밥 뚜껑을 닫고 불을 끈 뒤 5분 정도 뜸을 들인 후 그릇에 담는다.
5. 더덕 잔뿌리는 곱게 채쳐 다지고, 달래는 손질해 송송 썬다. 홍고추는 반으로 갈라 씨와 태자를 제거하고 곱게 채쳐 다진 뒤 모든 재료를 섞어 양념장을 만들어 ④의 더덕밥에 곁들여 낸다.

무굴밥

"굴은 우리 몸에 꼭 필요한 철분, 구리, 아연, 마그네슘, 칼슘 등의 미네랄과 비타민이 풍부한 식품으로 영양이 부족하기 쉬운 항암 환자들이 겨울에 꼭 먹었으면 하는 식품 중 하나입니다. 굴은 겨울에 가장 맛있는 무와 함께 솥밥을 지어도 별미지요. 특히 무를 비롯한 레몬이나 양파에는 비타민 C가 풍부해 굴에 많은 철분의 흡수율을 높여 주기 때문에 함께 먹으면 좋아요. 굴밥에 넣는 무는 너무 얇게 썰면 익으면서 모두 뭉그러져 밥에 수분량을 늘려 맛을 떨어뜨리므로 도톰하게 썰어 넣는 것이 좋습니다. 또 무굴밥을 비벼 먹는 양념장을 만들 때 다시마멸치 육수를 넣으면 집간장의 염도를 낮추고 감칠맛을 더할 수 있어요."

기본 재료 쌀 3컵, 생수(밥물) 450㎖, 무(밥용) 400g, 굴 500g, 무(세척용) 400g, 소금(세척용) 2½큰술

양념장 재료 집간장·다시마멸치 육수 3큰술씩, 달래·쪽파 15g씩, 홍고추 1개, 깨소금·참기름 1큰술씩

만드는 법

1 쌀은 씻어 채반에 밭쳐 물기를 뺀 후 젖은 면보를 덮어 1시간 정도 둔다.
2 무는 0.5㎝ 두께, 5㎝ 길이로 채 썬다.
3 세척용 무를 강판에 갈아 소금을 넣어 섞은 뒤 껍데기를 제거한 굴에 넣고 상처가 나지 않도록 손으로 조심스럽게 살살 버무린다.
4 ③에서 굴만 손으로 골라 채반에 건져 놓고 소금물에 두어 번 씻어 물기를 뺀다.
5 무쇠솥이나 바닥이 두꺼운 냄비에 ①의 불린 쌀을 넣고 생수를 부어 밥을 짓는다.
6 밥이 끓어 물이 줄어들기 시작하면 ②의 무채를 넣고 무가 어느 정도 익으면 ④의 굴을 얹은 후 15분 정도 약불에서 뜸을 들인 후 불을 끈다.
7 달래와 쪽파는 손질해 송송 썰고 홍고추는 반으로 갈라 씨와 태자를 제거한 뒤 곱게 채쳐 다진 뒤 재료를 섞어 양념장을 만들어 ⑥의 무굴밥에 곁들여 낸다.

온반

"한 그릇 안에 다양한 식재료가 담긴 온반은 겨울 항암 환자들을 위한 특별한 음식입니다. 소고기와 무를 함께 넣어 끓여 국물이 담백하면서도 시원하고 단백질이 풍부한 양지를 비롯해 느타리버섯, 대파, 녹두부침개까지 담겨 한 그릇만으로도 영양이 풍부한 음식이에요. 온반에 들어가는 대파는 끓는 물에 데쳐 진액을 제거한 뒤 넣어야 국물이 한결 깨끗한 맛을 냅니다. 일반 쌀밥 대신 옥수수밥을 지어 넣으면 시간이 지나도 밥이 불지 않고 국물 역시 밥을 다 먹을 때까지 깔끔합니다."

기본 재료 소고기(양지) 500g, 생수 2ℓ, 양파 1개, 무 500g, 느타리버섯 200g, 대파 1대, 녹두부침개 4장

옥수수밥 재료 멥쌀 1컵, 말린 옥수수(부순 것) ½컵, 생수 1½컵

양념 재료 토판염 1큰술, 대파 1대, 다진 마늘 1작은술

만드는 법

1. 소고기 양지는 찬물에 1시간 정도 담가 핏물을 뺀다.
2. 큰 냄비에 분량의 물과 양파를 넣고 끓으면 ①의 양지를 넣고 거품을 걷어가며 40분 정도 끓인다. 무를 넣고 40분 정도 더 끓여 식혀 양지는 결대로 찢어두고 무는 건져 1.5㎝ 폭, 7㎝ 길이로 썰고 국물은 젖은 면보에 걸러 식힌다.
3. 쌀과 옥수수는 씻어 소쿠리에 쏟은 뒤 젖은 면보를 덮어 2시간 정도 불린다. 바닥이 두꺼운 냄비에 불린 쌀과 옥수수를 넣고 생수를 붓고 뚜껑을 덮어 강불에서 끓기 시작하면 뚜껑을 열어 주걱으로 골고루 섞은 뒤 약불로 줄여 15분 정도 더 끓이고 불을 끈 뒤 한 번 더 고루 섞는다.
4. 느타리버섯은 끓는 물에 데쳐 찬물로 헹군 뒤 물기를 짜고 먹기 좋은 크기로 썬 후 토판염으로 밑간한다.
5. 대파는 5㎝ 길이로 썰어 ④의 버섯 데친 물에 30초 정도 데쳐 찬물에 씻어 대파 진액을 제거한다.
6. ②의 식힌 양지 육수를 냄비에 붓고 토판염으로 간한 후 팔팔 끓인다.
7. 그릇에 ③의 옥수수쌀밥을 적당히 담고 소고기 양지, 무, 느타리버섯, 대파, 녹두부침개를 얹고 ⑥의 뜨거운 국물을 붓는다.

문어능이버섯백숙

"백숙과 삼계탕은 우리가 여름에 즐겨 먹는 보양식 중 하나입니다. 비위가 약한 항암 환자를 위해 백숙을 끓일 때는 지방이 거의 없는 토종닭을 선택하는 것이 좋습니다. 여기에 단백질과 타우린 등 영양분이 농축되어 있는 말린 피문어와 쫄깃한 식감과 향이 좋은 능이버섯, 말린 산양삼을 넣어 오랜 시간 정성스럽게 끓이면 국물이 맑고 개운할뿐더러 맛있고 영양도 풍부해 항암 환자에게는 더없이 좋은 보양식입니다."

기본 재료 토종닭 1마리, 천일염 적당량, 말린 피문어 1마리(300g), 토판염 약간, 말린 능이버섯 70g, 말린 산양삼 100g, 생수(닭 삶는 용) 6ℓ, 부추 한 줌, 생수(버섯 불리는 용) 500㎖

만드는 법

1 토종닭은 깨끗하게 씻어 겉면은 물론 안쪽 부분까지 천일염으로 문지르듯 염지한 뒤 씻는다. 꼬리 쪽의 지방을 제거해 채반에 얹어 물기를 빼고 100℃의 끓는 물에 데쳐 찬물에 다시 한 번 씻는다.

2 말린 능이버섯은 티끌과 이물질을 제거하고 깨끗하게 씻어 미지근한 생수에 30분 정도 불린 후 건진다. 이때 버섯 불린 물은 버리지 않는다.

3 생수 6ℓ에 말린 산양삼, 말린 피문어, 토종닭을 넣고 1시간 30분 정도 끓이다 ②의 능이버섯과 능이버섯 불린 물을 넣고 30분 정도 더 끓인다.

4 ③을 토판염으로 간하고 부추를 넣어 한소끔 끓인 뒤 불을 끈다. 닭과 문어를 먹기 좋게 바르고 잘라 그릇에 담는다.

손두부

"두부 만들기는 생각보다 어렵지 않아요. 콩 1㎏에 물 6ℓ의 비율만 제대로 맞춰 주면 되거든요. 유전자 변형이 되지 않는 국산 백태를 선택해 깨끗하게 씻어 충분히 불린 뒤 아주 곱게 갑니다. 이때 콩 불린 노란색 물은 이소플라본이 풍부하므로 절대 버리지 말고 콩을 갈 때 함께 넣어야 영양소 손실을 막을 수 있습니다. 콩을 갈 때는 아주 곱게 갈아야 두부의 양이 줄지 않고 간 콩의 2배 이상을 담을 수 있는 냄비에 끓여야 넘치는 것을 막을 수 있어요. 콩은 사포닌이 풍부해 끓일 때 넘치기 쉽습니다. 또한 단백질과 함께 전분도 풍부해 쉽게 탈 수 있어 바닥을 긁는다는 느낌으로 저어주면서 끓여야 합니다. 다만 콩물을 오래 끓이면 냄새가 좋지 않을 수 있는데 끓어 거품이 올라오기 시작하면 떠 먹어보고 날내가 나면 조금 더 끓입니다. 뜨거울 때 고운 천에 짜면 이 액체가 바로 두유예요. 두유에 응고제를 넣으면 두부가 구름처럼 몽글몽글하게 엉기는데 이것이 순두부로 그대로 건져 양념장을 얹어 먹어도 맛있지요. 판두부를 만들려면 눌러 모양을 잡아야 하는데 바닥에 구멍을 낸 네모난 틀에 면이나 베로 만든 보자기를 깔고 한 김 식힌 순두부를 퍼 담은 다음 보자기의 나머지 부분으로 위를 덮어줍니다. 그 위에 도마처럼 납작하고 무거운 물건을 올려 나머지 물을 빼냅니다."

기본 재료 콩(백태) 1㎏, 간수 7큰술, 콩 불린 물 6ℓ

만드는 법

1 백태는 깨끗하게 씻어 여름에는 찬물에 6시간, 겨울에는 미온수에 7~8시간 정도 충분히 불린다.
2 믹서에 불린 콩과 ①의 콩 불린 물을 넣고 곱게 간다.
3 ②의 콩물을 큰 솥에 붓고 약 20분간 나무 주걱으로 저어가며 끓인다.
4 ③의 콩물을 고운 면포에 넣고 곱게 짜 국물을 받는다.
5 ④의 콩국물에 분량의 간수를 조금씩 부으며 나무 주걱으로 엉김의 정도를 확인하면서 저어주면 두부가 몽글몽글하게 엉기는데, 이것이 순두부다.
6 네모난 틀에 보자기를 깔고 한 김 식힌 순두부를 담고 보자기의 나머지 부분으로 위를 잘 덮는다.
7 ⑥의 위에 납작하고 무거운 물건을 20분 정도 올려두고 나머지 수분을 빼 두부를 완성한다.

감자옹심이콩국

"콩국물은 항암 환자에게는 최고의 단백질 공급원입니다. 또 직접 만든 감자 옹심이는 쫄깃한 식감으로 입맛을 살리기 좋습니다. 옹심이의 식감을 보다 쫄깃하게 만들고 싶다면 데치자마자 아주 차가운 얼음물에 담가 열기를 재빨리 제거하는 것이 중요합니다. 콩국물은 미리 만들어 냉장고에 넣어두고 더욱 차갑게 먹고 싶다면 얼음을 띄워도 좋습니다."

기본 재료 콩(서리태) 400g, 감자(중간 크기) 4개, 토판염 1작은술, 감자전분 2큰술, 생수 2ℓ

만드는 법

1 서리태는 깨끗하게 씻어 4시간 정도 불려 손으로 살살 문질러가며 껍질과 씨눈을 제거한다.

2 껍질을 벗긴 서리태에 차가운 생수를 콩 무게의 6배 정도 붓고 10~15분 정도 삶는다. 10분 정도 지났을 때 삶은 콩을 건져 먹어봐 비린내가 나지 않고 고소하면 불을 끈다.

3 믹서에 삶은 서리태와 콩의 5배 정도의 차가운 생수를 붓고 아주 곱게 간다.

4 면포에 ③을 붓고 국물을 짜내 콩국물을 준비한다. 기호에 따라 짜면서 생수를 조금씩 추가해도 좋다.

5 감자옹심이를 만든다. 껍질 벗긴 감자를 강판에 갈아 면포에 넣고 국물만 짠다.

6 짠 국물은 전분이 가라앉도록 15분 정도 두었다가 전분의 윗물을 따라 내고 면포의 감자 건더기도 따로 둔다.

7 ⑥의 가라앉은 전분과 면포의 건더기를 섞어 치대어 옹심이 반죽을 만든다.

8 ⑦의 반죽을 손으로 주물러 지름 2㎝ 크기의 옹심이를 빚어 넓은 쟁반에 서로 붙지 않게 놓는다.

9 큰 냄비에 물을 넉넉하게 부어 100℃로 펄펄 끓으면 ⑧의 감자옹심이를 넣고 서로 붙지 않게 저어가며 데친다.

10 감자옹심이가 투명하게 익으면 체로 건져 얼음물 또는 차가운 물에 재빨리 담가 식힌다.

11 차갑게 식힌 감자옹심이는 체에 밭쳐 물기를 빼고 미리 만들어 둔 ④의 시원한 콩국물에 말아 토판염으로 간해 먹는다.

도토리묵묵은지냉국

"저는 항암 치료를 받고 나서는 유독 기름기 있는 음식을 먹을 수 없었습니다. 그래서 여름에는 개운한 도토리묵냉국을 자주 해 먹었지요. 진하게 우린 다시마멸치 육수를 집간장으로 간하고 묵은지를 깨끗하게 씻어 송송 썰어 양념을 하지 않은 채로 넣습니다. 여기에 달콤한 배와 시원한 오이, 고추를 고명으로 올리고 참기름은 물론 깨소금도 넣지 않아 개운한 맛이 나도록 했습니다."

기본 재료 도토리묵 500g, 오이 50g, 배·묵은지 100g씩, 쪽파 약간, 청고추·홍고추 약간씩
냉국 재료 다시마멸치 육수 5컵, 집간장 1큰술

만드는 법

1. 다시마멸치 육수에 집간장을 넣어 식힌 후 냉장고에 넣어 냉국을 준비한다.
2. 도토리묵은 채 썰고, 껍질을 깐 배와 오이도 가늘게 채 썬다.
3. 청고추와 홍고추는 송송 썬다.
4. 묵은지는 흐르는 물에 씻은 뒤 물기를 짜 먹기 좋게 송송 썬다.
5. 도토리묵을 그릇에 담고 묵은지, 배, 오이, 고추 순으로 올리고 ①의 냉국을 부어 완성한다.

소고기쌀국수

"나른하고 입맛이 없을 때는 국수만 한 것이 없지요. 게다가 항암 환자에게 꼭 필요한 단백질이 풍부해 치유 센터를 운영할 때 환자분들께 소고기쌀국수를 자주 끓여 대접했어요. 사태와 양지는 핏물을 충분히 뺀 후 1시간 20분 정도 끓여야 식감이 부드럽습니다. 또 항암 환자들은 냄새에 민감하기 때문에 고기를 삶은 때 양파, 대파, 통후추를 넣어 소고기 특유의 향을 제거했습니다. 쌀국수는 삶아 찬물에 여러 번 문질러 씻어 전분기를 완전히 제거해야 탱탱한 식감을 즐길 수 있고 특유의 면 냄새도 나지 않습니다."

기본 재료 쌀국수 400g, 소고기 사태·양지 400g씩, 양파 1개, 통후추 약간, 대파 1대, 청고추 1개, 토판염 약간, 생수 3ℓ

만드는 법

1 사태와 양지는 찬물에 1시간 정도 담가 핏물을 뺀다.

2 큰 냄비에 물 1.5ℓ를 붓고 양파, 대파, 통후추를 넣고 팔팔 끓기 시작하면 사태와 양지를 넣는다. 거품을 걷어가며 1시간 20분 정도 끓여 고기가 부드러워지면 건져 식히고 육수는 면포에 걸러 둔다.

3 사태는 편으로 썰고, 양지는 먹기 좋은 크기로 결대로 찢는다.

4 냄비에 물 1.5ℓ를 붓고 물이 팔팔 끓기 시작하면 면을 넣고 약 3~4분 정도 면이 투명해질 때까지 삶은 뒤 찬물에 여러 번 문질러 전분기가 완전히 빠지도록 한다.

5 고추는 손질해 송송 썬다.

6 ②의 걸러둔 육수를 냄비에 끓여 토판염으로 간하고 ④의 삶아놓은 쌀국수를 토렴하여 면기에 담고 ③의 소고기 편육과 ⑤의 송송 썬 고추를 고명으로 올리고 국물을 부어 낸다.

7 기호에 따라 데친 부추 등을 곁들여 먹어도 맛있다.

콩국수

"대두의 단백질은 소화 흡수율이 뛰어난 양질의 단백질을 섭취해야 하는 항암 환자들에게 더없이 좋은 식재료입니다. 백태는 6시간 정도 충분히 불려야 삶는 시간을 줄일 수 있습니다. 또한 콩을 삶아 껍질을 벗길 때 콩 눈을 함께 떼어 내는 것이 좋습니다. 콩 눈에는 미량의 독소가 함유돼 있어 제거하지 않으면 설사를 일으킬 수 있어요. 콩물은 소금을 넣으면 삭기 때문에 소금은 먹기 직전에 넣는 것이 좋습니다. 콩 200g을 삶으면 콩물이 약 1ℓ 정도 나오는데 이는 4인 가족이 먹기에 적당한 양입니다."

기본 재료 콩(백태) 200g, 토판염 ½작은술, 생수(삶는 용) 6컵, 생수(국물용) 7컵, 소면 4인분, 토판염 적당량

만드는 법

1 백태는 깨끗하게 씻어 6시간 정도 충분히 불린다.
2 냄비에 불린 콩과 생수 6컵을 붓고 삶는다.
3 거품이 일면서 끓기 시작하면 냄비 뚜껑을 열고 2분 정도 더 삶은 후 콩에서 비린내가 나지 않으면 불을 끈다.
4 삶은 콩은 찬물에서 손으로 비벼 씻어 얇은 막처럼 생긴 콩 껍질을 벗겨내고 콩 눈(싹)도 제거한다.
5 믹서에 ④의 콩과 생수 7컵을 넣고 곱게 갈아 콩물을 완성한다.
6 국수를 삶아 찬물에 헹군 후 그릇에 1인분씩 타래 지어 담는다.
7 ⑥에 차게 둔 ⑤의 콩물을 붓고 먹기 직전에 토판염을 취향에 맞게 넣는다.

초계탕

"새콤달콤하고 시원하게 즐기는 초계탕은 여름 보양식이자 별미입니다. 특히 토종닭을 사용하면 기름기가 적고 쫄깃한 식감이 입맛을 돋웁니다. 토종닭은 천일염으로 안팎을 문질러 염지하는 것이 중요합니다. 잔털을 비롯한 불순물이 깔끔하게 떨어져 나오고 식감도 훨씬 부드러워져요. 또 삶은 닭은 껍질을 벗겨 지방을 완전히 제거하고 양배추, 양상추, 배를 채 썰어 풍부하게 넣으면 아삭하고 달콤한 식감이 좋습니다. 국물이 깔끔하고 담백하기 위해서는 닭을 삶을 때 생기는 거품을 부지런히 걷어내야 합니다."

기본 재료 토종닭 1마리, 생수 3ℓ, 말린 산양삼 30g, 대파 50g, 통후추 1작은술, 양파 1개, 양배추 200g, 양상추 100g, 배 200g, 토판염·후춧가루 약간씩

국물 재료 닭육수 7컵, 유기농 원당 45g, 집간장 2큰술, 현미식초 4큰술, 토판염 10g

오이절임 재료 오이 1개, 토판염 10g, 현미식초 2큰술, 다진 마늘·유기농 원당 1큰술씩

만드는 법

1. 토종닭은 깨끗하게 씻어 겉면은 물론 안쪽 부분까지 천일염으로 문지르듯 염지한 뒤 씻는다. 꼬리 쪽의 지방을 제거해 채반에 엎어 물기를 빼고 100℃의 끓는 물에 데쳐 찬물에 다시 한 번 씻는다.
2. 냄비에 닭과 생수, 말린 산양삼, 대파, 통후추, 양파를 넣고 1시간 20분 정도 기름기를 걷어내면서 끓인다.
3. 삶은 닭은 식혀 껍질을 벗기고 부위별로 살을 발라 먹기 좋게 찢어 토판염과 후춧가루로 밑간해 냉장 보관한다.
4. ②의 닭 국물은 면보에 걸러 식힌 후 나머지 재료를 섞어 국물을 만들어 냉장고에 넣어 둔다.
5. 오이는 껍질째 소금으로 문질러 씻어 얇게 슬라이스하고 나머지 재료들을 넣어 절인다.
6. 양배추와 양상추, 배는 채 썰어 접시에 가지런히 담아 색이 변하지 않도록 랩을 씌워 냉장고에 넣어둔다.
7. 그릇에 찢어놓은 닭 살과 양배추, 양상추, 양파, 배를 돌려 담고 절인 오이를 올린 후 ④의 국물을 붓는다.
8. 취향에 따라 후춧가루와 연겨자, 삶은 메밀국수 등을 곁들여 먹는다.

동치미냉면

"항암 환자를 위한 치유 센터를 운영할 때 회원들이 제 음식 중 가장 좋아했던 메뉴 중 하나가 바로 동치미냉면이에요. 항암 치료 후 메스꺼워진 속을 진정시켜주고 기름기 없이 질 좋은 사태를 푹 삶아 육수와 고기를 더해 단백질을 보충하는 데도 더없이 좋은 메뉴이지요. 알타리무와 함께 오이를 넣어 여름 동치미를 담가 국물을 사용해도 좋고 겨울에 담가 김치냉장고에 보관한 동치미를 사용해도 좋습니다. 고기 육수와 동치미 국물을 1:1 비율로 섞은 뒤 달콤한 배즙만 더해도 별미지요. 사태를 삶을 때는 끓는 물에 고기를 한 번 삶아낸 뒤 다시 약 1시간 20분 정도 삶으면 육질이 뭉개지지 않으면서도 고기 속까지 푹 익고 육수도 제대로 우러난답니다."

기본 재료 소고기(사태) 600g, 양파 150g, 마늘 6쪽, 생수 2ℓ, 동치미 국물 1ℓ, 토판염 약간, 오이 1개, 동치미 무 적당량, 배 ½개, 냉면 면(한살림 생면) 4인분

만드는 법

1 사태는 칼집을 낸 뒤 찬물에 1시간 정도 담가 핏물을 뺀다.
2 냄비에 생수를 붓고 물이 끓으면 핏물을 뺀 사태와 양파, 마늘을 넣고 1시간 20분 정도 거품을 걷어가며 푹 끓인다. 삶은 사태는 식혀 먹기 좋은 크기로 얄팍하게 썰고 양파와 마늘을 건져낸 후 국물은 냉장고에 넣어 차게 식혀 면보에 거른다.
3 오이는 소금으로 문질러 씻고 껍질째 동그란 모양대로 얇게 썰어 토판염을 뿌려 20분 정도 절인 뒤 물기 없이 꼭 짠다.
4 동치미 무는 가늘게 채 썰고, 배는 껍질을 벗겨 골패 모양으로 썬다.
5 냉장고에 넣어둔 고기 육수에 동치미 국물을 1:1로 섞고 싱거우면 토판염으로 간을 맞춘다. 취향에 따라 설탕을 약간 넣어도 좋다.
6 끓는 물에 가닥가닥 분리한 냉면 면을 넣고 1~2분 정도 삶아 찬물에 헹군 뒤 물기를 빼 타래 지어 1인분씩 그릇에 담는다.
7 ⑥의 사리 위에 얇게 썬 소고기와 절인 오이, 동치미 무, 배를 올린 후 ⑤의 찬 육수를 붓고 기호에 따라 식초와 겨자를 더해 섞어 먹는다.

우리밀채소쫄면

"입맛이 떨어졌을 때는 매콤하고도 새콤달콤한 쫄면만 한 것이 없지요. 고추장과 고춧가루를 베이스로 설탕 대신 배즙, 사과즙, 양파즙, 간 키위를 넣어 단맛을 낸 양념장은 바로 먹는 것보다 3일 정도 냉장고에서 숙성시켜 먹으면 더욱 맛있습니다. 단, 참기름은 쫄면을 먹기 직전에 양념장에 넣어 섞는 것이 좋습니다. 쫄면은 삶은 뒤 찬물에 여러 번 문질러 씻어야 전분기가 사라져 식감이 좋고 밀가루 냄새도 나지 않습니다. 채소는 취향에 맞게 채 썰어 넣으면 되는데 지나치게 얇게 썰면 양념장에 의해 금방 숨이 죽을 수 있으니 적당한 굵기로 썰어야 합니다."

기본 재료 우리밀 쫄면 400g, 물 1.5ℓ, 천일염 약간, 콩나물 150g, 적양배추·양배추 100g씩, 오이 1개, 당근·배·사과 70g씩, 달걀 2개

양념장 재료 집고추장·고춧가루 4큰술씩, 배즙·사과즙 3큰술씩, 골드키위 1개, 양파즙·아카시아꿀 2큰술씩, 참기름·거피 깨소금 1큰술씩, 현미식초 2큰술

만드는 법

1 냄비에 물을 붓고 끓으면 약간의 천일염과 깨끗이 씻은 콩나물을 넣어 데쳐 얼음물이나 찬물에 헹궈 아삭한 식감을 살린다.

2 적양배추, 양배추, 오이, 당근, 배, 사과는 깨끗이 씻고 과일은 껍질을 벗겨 곱게 채 썬다.

3 골드키위는 껍질을 까 강판에 갈고 나머지 재료와 섞어 양념장을 완성한다.

4 냄비에 물을 붓고 끓으면 쫄면 사리를 넣고 약 3분 정도 삶아 찬물에 전분기가 남지 않도록 여러 번 문질러 맑은 물이 나올 때까지 씻는다.

5 넓은 대접에 삶은 쫄면을 중앙에 올리고 콩나물과 채 썬 채소, 과일을 보기 좋게 올리고 취향에 맞게 양념장을 넣어 비벼 먹는다.

PART 5

속이 편한 죽과 샐러드

아플 때 먹는 죽은 소화가 잘되는 것은 물론 특별한 재료를 더하면 약이 되는 음식이다. 항암 후 소화력이 떨어지고 입맛이 없는 환자들을 위한 특별한 죽과 섬유질과 비타민을 더해줄 신선한 샐러드 레시피를 소개한다.

송실병잣죽

"잣은 간과 폐, 대장을 튼튼하게 해주고 불포화지방산이 풍부해 피를 맑게 해주는 식재료라 잣죽은 원기 회복에 좋은 음식입니다. 저 역시 항암 치료를 할 때 자주 먹던 죽이기도 합니다. 잣을 소로 넣은 인절미인 송실병을 잣죽에 함께 넣으면 맛도 좋을뿐더러 훨씬 더 풍성한 맛을 즐길 수 있어요. 잣죽을 끓일 때 쌀과 잣을 같이 갈면 쌀이 익기도 전에 쌀에 있는 탄수화물이 분해되어 삭아버리기 때문에 따로 갈아주는 것이 좋습니다. 쌀과 잣은 최대한 곱게 갈아야 엉겨붙지 않고 식감이 부드러워요. 죽을 끓이기 어려운 이유는 잘 타기 때문인데 끓는 물에 간 쌀과 재료를 부으면 훨씬 수월하게 죽을 끓일 수 있습니다. 또한 냄비의 가장자리와 중심을 오가며 바닥을 긁듯이 저어야 죽이 타지 않고 골고루 익는답니다."

기본 재료 멥쌀 1컵 잣 ½, 생수 1ℓ, 토판염 1작은술

송실병 재료 찹쌀가루 100g, 끓는 물(익반죽 용) 5큰술, 토판염 약간, 잣 50g, 아카시아 꿀 1큰술, 생수 1ℓ

만드는 법

1 멥쌀은 씻어 2시간 불려 소쿠리에 건져 물기를 뺀다.
2 믹서에 불린 쌀과 생수 2컵을 붓고 최대한 곱게 간다.
3 잣은 젖은 면보로 닦아 믹서에 넣고 물 2컵을 붓고 최대한 곱게 간다.
4 냄비에 생수 1컵을 붓고 끓기 시작하면 ②의 간 쌀을 넣고 중불로 줄여 눌어붙지 않도록 저어가며 10분 정도 끓인다.
5 ④에 ③의 간 잣을 넣어 고루 섞은 뒤 약불로 줄여 10분 정도 저어가며 끓인다.
6 불을 끄고 냄비 뚜껑을 덮어 5분 정도 뜸을 들인 후 먹기 직전에 토판염으로 간한다.
7 송실병을 만든다. 찹쌀가루는 고운체에 내려 끓는 물을 조금씩 부어가며 치대고 20분 정도 숙성시킨다. 잣은 젖은 면보로 닦아 칼로 곱게 다져 아카시아꿀과 토판염을 넣어 버무려 소를 만든다. 숙성시킨 반죽은 적당한 크기로 잘라 가운데를 손가락으로 눌러 소를 넣고 동글납작하게 빚는다.
8 냄비에 생수를 붓고 끓으면 ⑦의 송실병을 넣어 투명하게 익어 동동 떠오르면 건져 얼음물에 담갔다가 꺼낸다.
9 ⑥의 죽을 그릇에 담고 ⑧의 송실병을 고명으로 올려 낸다.

찰현미흑임자죽

"간과 심장, 비장, 폐, 신장에 원기를 더해 체력 보충에 좋은 죽입니다. 흑임자는 칼슘과 철분이 풍부해 골다공증이 심한 환자는 물론 유방암, 자궁암 환자나 빈혈이 많은 폐암 환자들에게도 좋은 식재료입니다. 죽은 염분이 더해지면 금방 삭기 때문에 불에서 내리기 직전이나 먹기 직전에 간을 하는 것이 좋습니다. 손님상이라면 미리 간을 하지 않고 소금을 곁들여 냅니다."

기본 재료 찰현미·흑임자 1컵씩, 생수 4컵, 토판염 약간

만드는 법

1. 찰현미는 씻어 하룻밤 불린 후 다시 한 번 씻어 소쿠리에 건져 물기를 완전히 뺀다.
2. 흑임자는 깨끗하게 씻어 체에 밭쳐 물기를 뺀 뒤 프라이팬에 넣어 물기가 완전히 제거되도록 가볍게 볶는다.
3. 믹서에 찰현미와 생수 1컵을 붓고 최대한 곱게 간다.
4. 믹서에 흑임자와 생수 1컵을 붓고 최대한 곱게 간다.
5. 바닥이 두껍고 깊은 냄비에 생수 2컵을 붓고 물이 끓으면 ③의 찰현미를 넣어 쌀이 잘 퍼지도록 저어가며 10분 정도 끓인다.
6. ⑤에 ④의 흑임자를 넣고 저어가며 10분 정도 끓인 후 불을 끄고 뚜껑을 덮어 5분 정도 뜸을 들인다.
7. 뜸이 든 죽에 토판염을 넣어 간을 맞춘다.

흑보리타락죽

"죽은 탄수화물, 지방, 단백질, 비타민, 미네랄이 골고루 들어 있어 원기를 회복시키고 소화를 도와줍니다. 타락죽은 곱게 간 쌀에 우유를 넣어 끓인 궁중에서 먹던 전통 죽 중 하나입니다. 저는 멥쌀과 찹쌀은 물론 흑보리를 갈아 넣어 맛과 영양을 더했습니다. 일반 쌀에 비해 충분히 불려야 식감이 부드러워지는 흑보리는 죽을 쑤기 전날부터 불려 최대한 곱게 갈아 죽을 쑤는 것이 좋습니다."

기본 재료 흑보리 200g, 멥쌀 50g, 찹쌀 30g, 잣 70g, 우유 2½컵, 생수 4컵, 토판염 1작은술

만드는 법

1 흑보리는 죽 쑤기 전날 씻어 물에 담가 충분히 불린다.
2 멥쌀과 찹쌀은 씻어 2시간 정도 불려 소쿠리에 건져 물기를 뺀다.
3 믹서에 불린 흑보리와 생수 2컵을 붓고 최대한 곱게 간다.
4 믹서에 불린 멥쌀과 찹쌀, 생수 1컵을 붓고 최대한 곱게 간다.
5 믹서에 잣과 우유를 넣고 최대한 곱게 간다.
6 바닥이 두껍고 깊은 냄비에 간 흑보리와 멥쌀, 찹쌀, 생수 1컵을 넣고 쌀알이 잘 퍼지고 식감이 부드럽도록 중불에서 저어가며 끓인다.
7 ⑥에 ⑤의 간 잣을 붓고 한소끔 끓으면 불을 끄고 먹기 직전에 토판염으로 간한다.

통녹두죽

"해독 작용이 뛰어난 녹두는 방사선과 항암 치료 후 몸에 남아 있는 나쁜 성분들을 밖으로 빼줍니다. 녹두는 소염작용도 탁월해 염증을 완화시키고 체력을 보충하고 면역력을 강화해 줍니다. 그래서 저는 평소 저만의 방식으로 만든 녹두죽을 즐겨 먹습니다. 녹두죽을 끓일 때 사용되는 녹두는 거피된 것으로 구입해야 이물감 없이 목으로 부드럽게 넘어갑니다."

기본 재료 거피 녹두 200g, 생수(녹두 데침용) 적당량, 멥쌀·찹쌀 50g씩, 생수(녹두 삶는 용) 1.5ℓ, 토판염 약간, 생수(죽 끓이는 용) 300㎖

만드는 법

1 멥쌀과 찹쌀은 씻어 2시간 정도 불려 소쿠리에 건져 물기를 뺀다.

2 냄비에 씻은 녹두와 녹두가 잠길 정도의 물을 부어 끓인다. 녹두가 끓기 시작하면 물을 따라 버리고 생수를 다시 붓고 끓여 손가락을 눌러 녹두가 으깨어질 정도로 삶는다.

3 ②에 불린 멥쌀과 찹쌀, 생수 150㎖를 넣고 중불에서 쌀이 충분히 퍼질 때까지 남은 생수 150㎖를 추가해가며 끓인다.

4 먹기 직전에 토판염으로 간해 먹는다.

흰당근수프와 나물

"베타카로틴이 풍부한 당근은 면역력을 높여주는 대표적인 식재료 중 하나입니다. 또 비타민 C가 풍부해 피로 회복을 도와주지요. 도라지처럼 뿌리가 가늘고 긴 '흰당근'은 우리나라 토종 당근으로 2월 초중순이 제철입니다. 요즘은 온라인을 통해 구매도 가능한데 살짝 쪄 소금과 들기름으로 조물조물 무쳐 먹으면 별미죠. 찌면 약간 노란빛이 돌고 은은하게 단맛도 느껴져 남녀노소 누구나 좋아할 만합니다. 그런데 당근은 수분이 적어 일반 소금으로 무치면 흡수가 되지 않아 간이 잘 배지 않아요. 때문에 따뜻한 물과 소금을 2:1로 섞어 액상소금을 만들어 사용하는 것이 좋아요. 흰당근수프는 양파만 버터에 살짝 볶고 당근은 쪄 믹서에 재료와 함께 갈면 손쉽게 만들 수 있습니다. 흰당근이 없다면 일반 당근으로 만들어도 좋습니다. 우유와 함께 물을 넣어 느끼하지 않아 속이 미식거리기 쉬운 항암 환자들도 먹기에 좋고 우유를 끓이지 않아 단백질을 비롯한 영양소 파괴도 적습니다."

흰당근수프 재료 흰당근(또는 일반 당근) 200g, 우유 1컵, 물 ½컵, 토판염 약간, 유기농 버터·양파 15g씩, 후춧가루 약간

흰당근나물 재료 흰당근(또는 일반 당근) 500g, 압착 생들기름 2큰술, 액상소금(토판염 2: 따뜻한 물 1) 1큰술, 다진 대파·다진 마늘·거피 깨소금 1작은술씩

만드는 법

1 흰당근수프를 만든다. 당근은 잔털을 제거하고 깨끗하게 씻어 숭덩숭덩 썰어놓는다. 양파도 당근과 비슷한 크기로 썬다.
2 김이 오르는 찜기에 당근을 넣고 10분 정도 찐다.
3 예열된 팬에 유기농 버터를 녹인 뒤 양파를 넣고 볶다가 찐 당근을 넣어 살짝 볶는다.
4 볶은 당근과 양파를 식혀 믹서에 담고 우유, 물, 토판염을 넣고 곱게 간 뒤 그릇에 담아 취향에 맞게 후춧가루를 뿌려 먹는다.
5 흰당근나물을 만든다. 당근은 잔털을 제거하고 깨끗하게 씻어 먹기 좋은 크기로 썰어 김이 오르는 찜기에 약 8분 정도 쪄 한 김 식힌다.
6 토판염을 따뜻한 물과 2:1 비율로 섞어 녹여 액상소금을 만든다.
7 볼에 당근과 들기름, 액상소금, 다진 대파, 다진 마늘, 거피 깨소금을 넣고 무쳐 접시에 담는다.

밤타락죽

"밤과 간 쌀, 우유를 더해 만든 밤타락죽은 맛과 영양이 뛰어난 별미 중 하나입니다. 고소하고 은은한 단맛이 나 어른은 물론 아이들도 무척 좋아하지요. 깐 밤만 있다면 조리법도 아주 간단하답니다."

기본 재료 밤 20개, 멥쌀 ⅓컵, 우유(저지방) 1컵, 생수 3컵, 토판염 약간

만드는 법

1 쌀은 씻어 1시간 정도 불린다.

2 밤은 찜기에 쪄 껍질을 벗긴다.

3 믹서에 불린 쌀을 넣고 생수 1컵을 부어 곱게 간다.

4 믹서에 찐 밤과 생수 1컵을 넣고 곱게 간다.

5 냄비에 생수 1컵을 붓고 끓으면 ③의 간 쌀을 넣고 저어가며 끓이다가 쌀이 투명하게 익으면 우유와 곱게 간 ④의 밤을 넣고 토판염으로 간을 한 뒤 저어가며 한소끔 끓으면 불을 끈다.

콩죽

"콩죽은 달면서도 고소한 맛이 일품으로 입맛을 돌게 만드는 별미 죽입니다. 다만 콩은 오래 끓이면 냄새가 좋지 않게 변합니다. 때문에 콩죽을 끓일 때는 콩과 쌀을 함께 끓이지 않고 쌀죽을 쑤고 마지막에 콩물을 부어 끓여야 냄새도 나지 않고 타지도 않아요."

기본 재료 콩(백태) 100g, 멥쌀·찹쌀 50g씩, 토판염 약간, 생수 1.2ℓ

만드는 법

1. 콩은 깨끗하게 씻어 생수를 부어 8시간 이상 불린다.
2. 멥쌀과 찹쌀은 씻어 1시간 정도 불린 후 물기를 뺀다.
3. 믹서에 ①의 불린 콩과 콩 불린 물을 1컵을 넣고 곱게 간다.
4. 믹서에 ②의 멥쌀과 찹쌀, 생수 1컵을 넣고 쌀의 입자가 살아 있도록 성글게 간다.
5. 냄비에 생수 5컵을 넣고 끓기 시작하면 ④의 간 쌀을 넣고 쌀이 투명해질 때까지 저어가며 끓인다.
6. ⑤에 ③의 콩물을 조금씩 나누어 붓고 저어가며 한소끔 끓인 후 불을 끈다.

토마토샐러드

"항암 환자를 위한 힐링 센터를 운영할 때 환자분들이 가장 좋아했던 샐러드 중 하나가 이 토마토샐러드입니다. 새콤하면서도 씨겨자가 들어가 알싸한 매콤함이 어우러져 입맛을 돋우기에 더없이 좋습니다. 또한 강력한 항산화 작용을 하는 토마토에 불포화지방이 풍부해 혈중 중성지방을 낮춰주고, 혈액순환을 개선해주는 아보카도오일 소스를 더해 맛과 영양을 모두 잡은 샐러드이기도 합니다."

기본 재료 완숙 토마토 3개

소스 재료 양파 ½개, 아보카도오일(또는 올리브오일) 3큰술, 홀그레인 머스타드(씨겨자) 1큰술, 레몬즙 2큰술, 백후춧가루·토판염 약간씩, 생바질잎 1~2장, 꿀·현미식초(또는 화이트 식초) 1큰술씩

만드는 법

1 냄비에 토마토가 충분히 잠길 만큼 물을 붓고 끓인다.

2 토마토는 꼭지를 제거하고 씻어 윗부분에 십자 모양으로 칼집을 살짝 넣는다.

3 ①의 끓는 물에 손질한 토마토를 넣고 데친 후 꺼내 얼음물에 담갔다가 껍질을 벗겨 밀폐 용기에 담아 냉장고에 넣어둔다.

4 소스에 들어갈 양파와 생바질잎은 곱게 다진다.

5 ④의 다진 양파와 생바질에 나머지 재료를 고루 섞어 소스를 만든다.

6 먹기 직전에 ③의 토마토 위에 ⑤의 소스를 뿌린다.

연근샐러드
아보카도 소스를 곁들인

"아보카도는 제가 암환자들에게 추천하는 대표 식품 중 하나입니다. 아보카도를 갈아 메이플시럽과 식초, 소금을 더해 샐러드 소스로 만들어 즐겨도 별미지요. 특히 아삭아삭한 식감의 연근과 피토케미컬을 풍부하게 함유한 파프리카, 아삭하고 시원한 식감의 양상추를 고루 섞은 후 단백하면서도 새콤달콤한 아보카도 소스를 곁들인 샐러드는 꼭 만들어 보길 추천합니다."

기본 재료 연근 100g, 양상추 3장, 아보카도 2개, 키위 1개, 노랑 파프리카·피망 1개씩

아보카도 소스 재료 아보카도 1개, 식초 2큰술, 메이플시럽 1큰술, 토판염 약간

만드는 법

1 연근은 깨끗하게 씻어 필러로 껍질을 벗겨 둥글고 얇게 썰어 끓는 물에 살짝 데친다.

2 양상추는 씻어 먹기 좋은 크기로 썰어 찬물에 잠시 담갔다가 건져 물기를 뺀다.

3 아보카도는 껍질과 씨를 제거하고 먹기 좋은 크기로 썰고, 키위도 껍질을 벗겨 먹기 좋게 썬다. 파프리카와 피망은 꼭지와 씨를 제거한 후 먹기 좋게 썬다.

4 소스용 아보카도는 씨와 껍질을 제거하고 믹서에 곱게 간 후 나머지 재료를 섞어 아보카도 소스를 만든다.

5 손질한 모든 채소를 그릇에 담고 아보카도 소스를 뿌려 먹는다.

PART 6

차·떡·술 그리고 건강한 간식

항암 치료로 간에 쌓인 독한 항암제를 빠른 시간 내에 희석하려면 생수를 많이 마셔야 하지만 쉽지만은 않다. 이럴 땐 면역력을 높여주는 건강한 식재료를 이용해 차를 만들어 달여 마시거나 음료를 만들어 먹으면 좋다. 또한 설탕을 넣지 않은 떡이나 주전부리를 차와 음료에 곁들여 먹으면 입맛을 돋울 수 있다.

구증구포 구기자차

"항암 치료를 받으면 간 수치가 굉장히 높아져 평소 피로감이 높아집니다. 저 역시 항암 치료 직후 간 수치가 굉장히 높아지고 지방간까지 생겨 고생을 많이 했지요. 그때 알게 된 것이 구기자차였어요. 우연한 기회로 알게 된 스님이 간 건강에는 구기자차만 한 것이 없다고 추천해주셨는데, 구기자차를 매일 달여 마셨더니 거짓말처럼 간 수치가 낮아지고 지방간도 좋아지더라고요. 구기자차를 음용할 때는 물에 우리고 난 구기자 역시 버리지 말고 씨까지 모두 먹어야 약효를 볼 수 있습니다. 구기자를 아홉 번 찌고 말린 구증구포 구기자차를 만들 때는 유기농 구기자를 구입하고 과육이 80~90% 정도 익은 것으로 준비해야 합니다. 너무 익은 것은 수분이 많아 찌고 말리는 과정에서 과육이 터지기 때문입니다."

기본 재료 구기자 1kg

만드는 법

1. 구기자가 잠길 정도로 청주를 부어 가볍게 세척해 채반에 밭쳐 30분 정도 물기를 뺀다.
2. 찜기에 면보를 깔고 김이 오르면 씻은 구기자를 올려 20~30분 정도 찐다.
3. 찐 구기자는 바람이 잘 통하고 햇볕이 잘 드는 곳에서 바짝 말린다.
4. 찌고 말리는 ②, ③의 과정을 9번 반복한다.
5. ④의 구증구포를 마친 구기자는 솥에 넣어 약불에서 은근하게 덖는다.

목련꽃차

"목련의 꽃봉오리는 예로부터 '신이(辛夷)'라 하여 약재로 사용했다고 합니다. 목련꽃차는 코 막힘, 두통 개선, 혈압을 내리는 데 효과가 있습니다. 또 맛이 그윽하고 은은하여 최고의 차 재료이기도 합니다. 목련 꽃봉오리는 손길이 닿을수록 색이 빨리 변하고 열에 민감해 섬세하게 채취하고 말려야 합니다. 채취할 때는 장갑을 끼고 바로 손질하지 않고 이틀 정도 실온에 두어 어느 정도 말린 후 손질해야 꽃잎이 찢어지지 않습니다."

기본 재료 목련 꽃봉오리 1kg

만드는 법

1. 목련은 아직 꽃이 피지 않은 봉오리로 솜털에 싸여 있는 꽃송이를 따 이틀 정도 채반에 받쳐 실온에 말린다.
2. ①의 솜털처럼 덮여 있는 목련의 겉잎을 떼어내고 꽃잎을 한 장 한 장 꽃잎 방향으로 편다.
3. 손질한 목련 꽃송이를 온도 35~36℃ 되는 방바닥에 한지를 깔고 그 위에 올려놓고 36시간 정도 건조시킨다.
4. 목련이 완전히 건조되어 노란색이 돌면 소독한 유리병에 담아 밀폐 보관한다.
5. 꽃잎 4~6장 또는 꽃송이 1개 정도가 1인이 마시기 좋은 양으로 꽃에 뜨거운 물을 부어 바로 따라 마신다.

백련꽃차

"보는 것만으로도 힐링이 되는 백련꽃차는 은은한 향으로 심신을 안정시켜주고, 특히 불면증에 효과가 있습니다. 한 번 우린 백련꽃은 버리지 않고 냉장 보관하면 2~3번 정도 더 물에 우려 차로 즐길 수 있습니다. 차를 우릴 때는 끓는 물이 아닌 한 김 식힌 물을 이용해야 유용한 성분이 파괴되지 않습니다."

기본 재료 백련 1송이, 생수 1ℓ

만드는 법

1 생수를 100℃로 끓여 50~60℃로 식힌다.

2 수반이나 우묵한 도자기에 식힌 물을 붓고 연꽃을 살짝 올린다. 바깥 잎부터 한 장씩 물 위에 펼쳐 벌린다.

3 10분 정도 지나 향이 우러나면 찻잔에 따라 마신다.

뚱딴지차

"돼지감자라고도 불리는 뚱딴지는 우리나라 전국에 자생하고 있는 국화과 식물의 덩이줄기입니다. 혈당 강하 작용을 하는 '이눌린(inulin)' 성분이 풍부해 변비와 체중 조절, 당뇨병 완화에 도움을 줍니다. 그뿐만 아니라 이눌린은 우리 몸의 장내 환경과 비만을 개선하고 중성지질 감소에도 도움을 주기 때문에 뚱딴지차는 중년에게는 더없이 좋은 차이지요. 또한 항산화물질 중 하나인 폴리페놀도 풍부합니다. 뚱딴지차를 만들 때 많은 분이 뻥튀기 기계에 튀기거나 방앗간에 가서 볶는 경우가 많습니다. 뚱딴지에 들어 있는 이눌린 성분은 열에 약하므로 과하게 튀기거나 볶는 것은 좋지 않습니다. 얇게 썰어 소쿠리에 올린 후 바람이 잘 통하는 실온에서 3일 정도 말리면 바삭해집니다. 이렇게 말린 뚱딴지를 프라이팬에서 약불로 참깨를 볶듯 살짝만 덖는 것이 좋습니다."

기본 재료 뚱딴지(돼지감자) 1㎏

만드는 법

1 뚱딴지는 물로 씻어 흙을 말끔하게 제거한 뒤 물기를 뺀다.
2 물기를 제거한 뚱딴지는 0.3㎝ 두께로 편 썬다.
3 ②의 뚱딴지는 채반에 간격을 두고 한 장씩 올린 뒤 실내에서 수분이 약 80% 정도 날아가도록 2~3일간 건조시킨다.
4 ③의 건조된 뚱딴지를 프라이팬에서 약불로 바삭하게 마를 정도로 주걱으로 저어가며 덖은 후 소독된 유리병에 담아 밀폐 보관한다.
5 ④의 뚱딴지는 100℃로 끓인 물에 우려 차로 마신다.

대추차

"대추에는 비타민 A, C 외에도 리보플라빈, 니아신 등 비타민이 풍부해 감기 예방과 면역력을 높이는 데 더없이 좋습니다. 이뇨제, 영양제, 진해제, 소염제 작용을 해 예부터 약재로 많이 사용했어요. 대추차(대추고)는 바쁜 출근 시간에 따끈하게 데워 먹으면 좋은 간편한 식사로 손색이 없습니다. 몸을 따뜻하게 해주는 것은 물론 신경을 안정시켜주거나 불면증에도 효과가 있습니다. 기호에 따라 꿀을 넣어 먹어도 좋습니다."

기본 재료 말린 대추 1kg, 생강 20g, 인삼 2뿌리, 생수 4ℓ

만드는 법

1 말린 대추는 물에 10분 정도 담가두었다가 주름진 사이사이를 솔 등을 이용해 깨끗하게 씻는다.
2 생강은 껍질을 벗기고 인삼은 깨끗하게 손질해 각각 작게 썬다.
3 큰 냄비에 분량의 생수와 손질해 둔 대추, 생강, 인삼을 넣고 강불에서 끓기 시작하면 약불로 줄여 1시간 30분 정도 더 끓인다.
4 생강은 건져내고 푹 익은 대추와 인삼은 굵은 체에 넣고 손으로 문질러가며 살을 내려 국물과 고루 섞어 대추고를 완성한다.

대추고약식

"대추차를 만들었다면 그 대추차를 이용해 약식을 만들어 보세요. 약식에는 생각보다 설탕과 간장이 많이 들어가지만 대추고약식은 대추고(대추차)의 천연 단맛과 약간의 집간장으로 맛을 내 맛과 건강을 모두 담아낸 음식입니다. 밤과 은행, 대추를 풍부하게 넣어 외출 시 간단한 요기를 하기에도 좋고요. 약식을 찔 때는 찜통 뚜껑을 큰 면보로 감싼 후 쪄야 약식에 수증기가 많이 떨어져 질척해지는 것을 막아줍니다."

기본 재료 찹쌀 1kg, 밤·대추 15개씩, 잣 10g, 은행 30g, 석이버섯 5g, 참기름 3큰술, 아카시아꿀 4큰술, 대추고(대추차) 1컵, 집간장 2큰술

만드는 법

1 찹쌀은 씻어 3시간 정도 충분히 불린 후 소쿠리에 담아 물기를 뺀다.
2 밤은 속껍질까지 제거한 후 너무 큰 것은 2~3등분한다.
3 대추는 돌려 깎아 씨를 제거해 3등분한다.
4 석이버섯은 물에 불려 뒷면에 붙어 있는 이물질을 제거한 후 채 썬다.
5 김이 오르는 찜통에 젖은 면보를 깔고 ①의 찹쌀을 올려 40분 정도 찐다.
6 큰 그릇에 ⑤의 찹쌀밥을 붓고 집간장으로 간을 한 후 꿀과 대추고를 넣고 고루 버무린다.
7 ⑥에 손질해 둔 밤, 대추, 은행, 잣, 석이버섯을 넣고 고루 섞은 후 참기름을 넣어 다시 한 번 섞는다.
8 김이 오르는 찜통에 젖은 면보를 깔고 ⑦을 올려 25분간 찐다.

증편

"한여름에도 잘 쉬지 않는 증편은 대표적인 여름 떡입니다. 환자들이 항암 치료 후 가장 먹고 싶어 하는 것이 바로 빵과 떡입니다. 그런데 시중에 판매되는 빵과 떡에는 우리가 생각하지 못할 정도로 많은 양의 설탕과 첨가물이 들어갑니다. 증편은 집에서도 쉽게 만들 수 있는 떡으로 막걸리를 넣고 소량의 유기농 원당을 넣어 만들어 환자들도 안심하고 먹을 수 있는 떡 중 하나입니다. 식감이 부드러워 목 넘김도 좋고요."

기본 재료 멥쌀가루 400g, 막걸리 100g, 유기농 원당 50g, 토판염 4g, 따뜻한 물(40℃) 90g, 현미유·식용 금가루 약간씩

만드는 법

1 멥쌀가루는 체에 두 번 내린다.

2 따뜻한 물에 분량의 유기농 원당과 토판염을 넣고 완전히 녹으면 막걸리를 넣고 섞는다.

3 볼에 ②와 ①의 멥쌀가루를 넣고 나무 주걱을 이용해 고루 섞는다. 이때 반죽은 주걱으로 들어 올렸을 때 주르륵 흐를 정도의 농도가 적당하다.

4 ③의 반죽 볼을 랩으로 씌워 실온에서 5~6시간 1차 발효를 한다. 이때 3~4시간이 되면 반죽이 2~3배 부피로 부풀어 오르면 나무 주걱을 이용해 저어 가스를 완전히 빼내고 다시 랩을 씌워 2~3시간 둔다.

5 ④의 반죽이 다시 부풀어 오르면 나무 주걱으로 저어 가스를 완전히 뺀 다음 1시간 정도 2차 발효를 한다.

6 증편틀에 솔을 이용해 현미유를 바르고 2차 발효한 ⑤의 반죽을 틀의 70% 정도 차게 붓는다.

7 찜기에 물을 붓고 끓기 시작하면 면보를 깔고 증편 반죽을 올려 강불에서 15분 정도 찐 후 불을 끄고 뚜껑을 덮을 채 10분간 뜸을 들인다.

8 접시에 담고 금가루를 얹는다.

팥시루떡

"쌀이 주재료인 떡은 건강한 간식으로 추천할 만하지만 시판되는 떡에는 첨가물과 함께 설탕이 많이 들어 있어 먹기 꺼려집니다. 떡 만들기가 어렵다고 생각하는 분들도 있겠지만 이 팥시루떡은 방앗간에서 쌀만 빻아 오면 누구나 쉽게 만들 수 있습니다. 식품첨가물을 넣지 않고 설탕은 팥에만 약간 넣어 달지 않으면서도 고소한 맛이 일품이지요."

기본 재료 멥쌀 600g, 팥 400g, 토판염 2작은술(시루떡용), 생수 1ℓ, 토판염(팥고물용) 1큰술, 유기농 원당(팥고물용) 3큰술, 밀가루 반죽(시룻번용) 적당량, 무 50g

만드는 법

1 큰 냄비에 물을 넉넉하게 부어 깨끗하게 씻은 팥을 넣고 끓인다. 팥이 우르르 끓어오르면 물을 따라 버리고 생수 1ℓ 붓고 50분 정도 삶아 팥이 포근포근 익으면 채반에 밭쳐 수분을 날린다. 수분이 빠져 보슬거리는 팥에 분량의 유기농 원당과 토판염을 넣어 가볍게 버무린다.

2 멥쌀은 씻어 2시간 정도 불린 후 채반에 건져 물기를 빼고 토판염을 넣어 빻아 체에 한 번 내린다.

3 시루 바닥에 얇게 썬 무를 올려 구멍을 막는다. 그 위에 ①의 팥고물을 깔고 ②의 쌀가루를 4cm 두께로 안치고 위에 다시 팥고물을 고루 얹는다. 쌀가루와 팥고물을 번갈아가며 올리는 과정을 반복하고 맨 위에 팥고물이 오도록 한다.

4 시루에 맞는 솥을 준비해 물을 붓고 끓기 시작하면 ③의 시루를 안치고 시루와 냄비 사이에 밀가루 반죽을 꼭꼭 눌러가며 시룻번을 붙이고 베보자기를 덮은 뒤 김이 오르기 시작하면 30분 정도 더 찐다.

5 ④에 젓가락을 꽂아 떡가루가 묻어 나오지 않으면 불을 끄고 시룻번을 떼어낸 뒤 모판에 팥시루떡 모양이 흐트러지지 않도록 쏟아 한 김 식혀 썬다.

개성주악

"주악은 찹쌀가루를 익반죽해 모양을 만들어 기름에 지지는 떡으로 화전, 주악, 부꾸미 등이 있습니다. 특히 개성주악은 다른 주악과 달리 막걸리로 반죽을 합니다. 항암 치료 중에도 설탕이 들어간 단 주전부리가 먹고 싶을 때가 많아요. 이럴 땐 주악이나 화전을 만들어 먹으면 입맛을 돋울 수 있지요. 주악을 만들 때는 튀기는 기름 온도가 160℃ 정도가 좋은데 180℃가 넘으면 반죽이 튀겨지면서 기포가 생겨 터져버립니다. 달군 기름에 주악 반죽을 조금 떼어 넣어 떠오르지 않아야 주악이 터지지 않고 보기 좋게 튀겨집니다."

기본 재료 찹쌀가루 2컵, 고운 토판염 약간, 막걸리 60g, 끓는 물 3큰술, 현미유 적당량

집청 재료 쌀조청 70g, 아카시아꿀 50g, 저민 생강 20g

만드는 법

1. 찹쌀가루와 고운 토판염은 섞어서 체에 한 번 내린다.
2. ①의 찹쌀가루에 끓는 물을 조금씩 부어가며 익반죽을 한다.
3. ②에 막걸리를 조금씩 부어가며 점도를 맞춰 말랑하게 반죽되면 랩을 씌워 냉장고에 넣어 2시간 발효시킨다.
4. 작은 냄비에 집청 재료를 넣고 약불에서 거품이 풍성하게 올라올 정도로 끓으면 불을 꺼 집청을 완성한다.
5. ③의 반죽을 25g씩 소분해 손바닥에 올려놓고 굴려 가운데를 살짝살짝 눌러 둥글고 납작하게 빚은 뒤 나무젓가락으로 한가운데에 구멍을 낸다.
6. 오목한 프라이팬에 현미유를 붓고 주악 반죽이 떠오르지 않도록 160℃에서 튀긴다. 앞뒤로 자주 뒤집어가며 튀겨 예쁜 연갈색이 되면 건진다.
7. 튀긴 주악에 바로 ④의 집청을 골고루 바른다.
8. 장식용 금박을 올린 뒤 그릇에 담는다.

모주

"모주는 술지게미에 생강, 대추, 계피, 배 등을 넣고 하루 동안 끓인 술입니다. 모주의 사전적 뜻은 밑술 또는 술을 거르고 남은 찌꺼기라는 뜻인데 전주 지방의 모주는 막걸리에 생강, 대추, 감초, 인삼, 칡(갈근) 등의 8가지 한약재를 넣고 술의 양이 절반 정도로 줄고 알코올 성분이 거의 없어지도록 끓입니다. 이렇게 완성된 모주의 알코올 도수는 1.5도 정도로 뜨거울 때 먹어도 좋고 냉장고에 넣어 차갑게 마셔도 별미입니다. 식사 후 디저트에 곁들여도 좋고요."

기본 재료 술지게미 1kg, 생수 3ℓ, 대추 100g, 배·사과 1개씩, 생강 20g, 계피 50g, 천궁·감초 10g씩, 말린 산양삼 4뿌리, 아카시아꿀 80g

만드는 법

1 대추는 씻어 꼭지를 딴 뒤 칼집을 넣는다. 배와 사과는 깨끗하게 씻어 껍질째 각각 4등분한다. 생강은 껍질째 깨끗하게 씻는다.

2 큰 솥에 분량의 생수와 손질해 둔 대추, 배, 사과, 생강, 계피, 천궁, 감초, 말린 산양산삼을 넣고 강불에서 끓기 시작하면 약불로 줄이고 30분 정도 더 끓인다.

3 ②에 술지게미를 넣고 1시간 30분 정도 끓인 뒤 체에 액체만 거르고 건더기들은 면포에 넣어 짠다.

4 ③에 아카시아꿀을 넣고 고루 섞는다.

건강한 육포

"질 좋은 소고기 홍두깨살로 정성을 다해 만든 육포는 항암 환자를 위한 단백질 공급원으로 좋습니다. 보통 육포를 만들 때 물에 담가 핏물을 빼는데 그럴 경우 육포의 육즙도 핏물과 함께 사라집니다. 때문에 저는 강판에 간 무와 밀가루, 청주를 섞어 1시간 정도 담가 핏물을 제거합니다. 또 식품건조기 대신 자연 건조를 시켜야 맛이 한층 좋아집니다. 육포에 사용되는 맛간장을 만들 때는 간장을 끓이면 집간장의 발효균을 비롯해 좋은 영양 성분들이 사라지기 때문에 끓이지 않고 대신 마지막에 밑국물과 함께 섞어주는 것이 중요합니다."

기본 재료 소고기(홍두깨살) 1kg, 무즙(강판에 간 것) 200g, 청주 100㎖, 밀가루 2큰술, 배 200g, 파인애플 50g, 양파 100g, 마늘 30g, 생강 5g, 맛간장 4큰술, 아카시아꿀·유기농 원당 2큰술씩, 후춧가루 약간

맛간장 재료 집간장 500㎖, 생수 1.5ℓ, 다시마 20g, 무 100g, 죽방멸치 50g, 마늘 30g, 생강 10g, 대파 1대

만드는 법

1 강판에 간 무즙에 청주, 밀가루를 넣어 멍울 없이 푼 뒤 홍두깨살을 담가 1시간 정도 핏물을 뺀다.

2 ①의 홍두깨살을 생수에 헹군 뒤 소쿠리에 건져 30분 정도 물기를 뺀다.

3 큰 냄비에 집간장을 제외한 분량의 맛간장 재료를 넣고 끓여 물이 500㎖ 정도로 줄어들면 불을 끄고 걸러 식힌 뒤 집간장을 섞어 맛간장을 만든다.

4 믹서에 배, 파인애플, 양파, 마늘, 생강을 넣고 곱게 갈아 면보에 짜 즙을 받는다.

5 ④의 즙에 ③의 맛간장, 아카시아꿀, 유기농 원당, 후춧가루를 넣어 섞은 뒤 ②의 홍두깨살을 넣고 버무려 밀폐 용기에 담아 5시간 정도 냉장고에 숙성시킨다.

6 숙성시킨 고기를 채반에 반듯한 모양으로 잘 펼쳐 24시간 실온에서 자연 건조한다.

유자단지

"옛날에 궁중에서 먹던 궁중 음식이에요. 고흥 유자는 11월이 제철이라면 제주의 댕유자는 겨울이 제철입니다. 고흥 유자가 향이 강하다면 제주 댕유자는 향이 고흥보다 은은하고요, 과일 자체도 고흥 유자보다 훨씬 크고 씨도 많지 않다는 것이 장점이에요. 보통 유자단지에는 인삼과 생강이 들어가지 않지만 저는 건강과 향을 더하기 위해서 소량을 다져 넣습니다. 유자단지를 만들 때 유자의 겉 부분을 치즈그라인더로 제거하면 식감이 한층 부드러워집니다. 비타민 C가 풍부한 유자단지는 겨울철 면역력을 키워주는 특별한 보양식 중 하나이고 향긋한 향기로 미각을 깨우기에도 제격입니다."

기본 재료 유자 6개, 밤 10개, 대추 15개, 석류 ½개, 석이버섯 5g, 생강 10g, 인삼 20g, 아카시아꿀 5큰술, 무명실 적당량

시럽 재료 아카시아꿀 · 생수 300㎖씩

만드는 법

1. 유자는 식촛물에 담가 깨끗하게 씻어 면 행주로 물기를 제거한다.
2. 치즈그라인더를 이용해 유자 껍질을 얇게 깎고 유자의 꼭지 반대편을 잘라 뚜껑을 만들고 유자 속을 파낸다.
3. 석류는 알알이 떼어 준비해 놓는다.
4. 밤과 대추, 불린 석이버섯, 생강, 인삼은 손질해 곱게 채 썬다.
5. ②의 유자 속은 씨를 빼고 꿀을 넣어 버무려 둔다.
6. 석류 알맹이와 ④를 섞어 ⑤의 유자 속을 채우고 뚜껑을 덮은 뒤 삶아 소독한 무명실로 묶는다.
7. 냄비에 아카시아꿀과 생수를 넣고 끓여 시럽을 만들어 식힌다.
8. 소독한 병에 ⑥의 유자를 담고 ⑦의 시럽을 부어 24시간 정도 실온에서 숙성시킨 후 냉장 보관한다.

장백균 쌀누룩요거트

"쌀누룩요거트는 설탕과 같은 인공적인 당분을 넣지 않았지만 단맛이 나 설탕을 멀리해야 하는 항암 환자들에게는 추천하고 싶은 음식입니다. 다만 보통의 쌀누룩을 이용해 만든 쌀요거트는 누룩 특유의 향과 단맛이 강해 호불호가 있는 편입니다. 이에 반해 장백균 쌀누룩을 이용한 쌀요거트는 누룩 특유의 향이 거의 없고 단맛도 적당해 누구나 좋아할 만한 맛입니다. 찹쌀 대신 통곡물을 이용해 요거트를 만들면 다이어트식으로도 좋고 아침 대용 한 끼로도 그만입니다. 항암 환자들뿐만 아니라 알레르기가 있는 어린이들이 우유 대신 먹어도 좋습니다. 또한 단맛이 있고 산미가 강하지 않아 김치를 만들 때 넣으면 자연스러운 단맛을 더할 수 있습니다."

기본 재료 장백균 쌀누룩·찹쌀 1kg씩, 생수(찹쌀밥용) 1.5ℓ, 생수(쌀누룩요거트용) 4ℓ

만드는 법

1. 찹쌀은 씻어 3시간 정도 충분히 불린다.
2. 불린 찹쌀은 생수 1.5ℓ를 부어 죽 같은 밥을 짓는다.
3. ②의 밥을 차게 식혀 장백균 쌀누룩과 고루 섞어 전기밥솥에 넣고 뚜껑을 열고 채반을 올려 면포로 덮은 채 보온으로 8시간 발효시킨다.
4. 발효시킨 ③의 쌀누룩요거트는 전원을 끄고 채반과 면포를 제거한 후 뚜껑을 덮어 3~4시간 더 숙성시키면 보다 깊고 풍부한 맛이 난다.
5. 완성한 쌀누룩요거트는 밀폐 용기에 담아 냉장 보관해가며 먹는다.

애플민트레몬청

"땀을 많이 흘리는 여름에 마시기에 좋은 음료입니다. 향긋한 레몬과 애플민트가 어우러져 더운 여름 청량감을 주는 최고의 음료 중 하나입니다. 유기농 원당 약간과 아카시아꿀을 넣어 만든 애플민트레몬청을 물에 타 마시면 칼륨을 배출해 주는 효과가 있어 짜게 먹었을 때 디저트로 즐기기에 좋습니다. 애플민트 대신 캐모마일이나 로즈메리를 넣어 만들어도 잘 어울립니다."

기본 재료 레몬 1kg, 애플민트 20g, 아카시아꿀 500g, 유기농 원당 100g

세척 재료 베이킹소다 2큰술, 식초 4큰술, 물 적당량

만드는 법

1 넓은 그릇에 레몬이 잠길 정도의 물을 부은 후 베이킹소다를 풀고 레몬을 담가 깨끗하게 씻는다.
2 넓은 그릇에 레몬이 잠길 정도로 물을 붓고 식초를 넣어 섞고 ①의 레몬을 20분 정도 담가뒀다가 흐르는 물에 씻어 마른 행주로 물기를 닦는다.
3 물기를 제거한 레몬을 0.3㎝ 두께로 얇게 썬다.
4 애플민트는 씻어 물기를 제거한다.
5 레몬과 애플민트, 아카시아꿀, 유기농 원당을 골고루 섞은 후 소독한 유리병에 넣어 뚜껑을 닫아 여름에는 상온에서 반나절, 겨울에는 상온에서 2일 발효시켜 냉장 보관해가며 먹는다.
6 완성된 청은 따뜻한 물 또는 찬물에 타 마신다.

쉰다리식혜

"쉰다리는 그 옛날 약간 상한 밥도 버리지 않았던 조상들의 지혜가 숨어 있는 음식입니다. 냉장 시설이 발달하지 않았던 시절 여름에 찬밥이 많이 남으면 보관이 어려워 누룩 가루를 넣어 빚은 게 바로 쉰다리지요. 제 어린 시절에는 약간 상한 쌀밥이나 보리밥을 물에 한두 번 가볍게 씻은 후에 빚기도 했어요. 아주 약한 알코올만 있어 그 옛날에는 여름철 음료수처럼 남녀노소 누구나 즐겨 마셨습니다. 새콤하면서도 단맛이 나는데 소화를 도와 밥 먹은 후에 차처럼 즐기기에도 좋습니다. 유산균이 정말 풍부해 변비 해소에도 도움이 되고요."

기본 재료 찬밥 600g, 누룩 300g, 생수 2ℓ

만드는 법

1 찬밥에 누룩을 넣어 고루 버무려 생수를 부은 뒤 24시간 정도 25~27℃ 온도에서 발효시킨다.

2 ①에 기포가 왕성하게 생기면 맛을 봐 단맛이 나면 건더기를 거르고 국물을 먹는다.

밤간장조청조림

"가을과 겨울 사이 빠질 수 없는 먹을거리가 바로 밤과 고구마입니다. 가을에 수확해 둔 밤과 고구마는 수분이 빠지면서 단맛이 더욱 깊어집니다. 항암 치료가 끝난 후 기름진 음식을 되도록 멀리해야 하지만 저는 맛탕이 참 먹고 싶었어요. 발연점이 높은 현미유에 알밤과 고구마를 튀긴 후 조청과 꿀, 집간장과 함께 조려서 먹곤 했어요. 튀긴 밤과 고구마는 키친타월로 기름기를 되도록 깨끗하게 제거하는 것이 좋습니다."

기본 재료 깐 밤 500g, 집간장 2큰술, 조청·생수 1큰술씩, 아카시아꿀 1작은술, 검은깨 약간, 현미유 500㎖

만드는 법

1 밤은 속껍질까지 벗겨 한 번 씻어 물기를 제거한다.
2 튀김기에 현미유를 붓고 180℃로 예열한 후 ①의 밤을 넣어 노릇하게 튀긴 후 키친타월에 올려 기름기를 제거한다.
3 프라이팬에 간장과 조청, 꿀, 생수를 넣고 보글보글 끓기 시작하면 ②의 튀긴 밤을 넣어 윤기 나게 조린다.
4 조린 밤에 검은깨를 뿌린다.

안동식혜

"생강즙과 고춧가루가 들어가 발효되면 톡 쏘는 탄산미가 뛰어나고 국물 맛이 깔끔해 항암 치료로 속이 미식거리는 환자들에게는 더없이 좋은 음식입니다. 게다가 유산균이 정말 풍부해 변비와 설사 등으로 고생하는 환자들에게 적극 추천하고 싶은 음식 중 하나입니다. 엿기름이 들어가 소화를 돕는 천연 소화제이기도 하고요. 생각보다 담기도 어렵지 않아 가정에서 만들어 보길 권합니다."

기본 재료 찹쌀 500g, 엿기름가루 2컵, 무 1kg, 고춧가루 100g, 쌀조청 300g, 미지근한 물 4ℓ, 생강 60g

만드는 법

1 찹쌀은 깨끗하게 씻어 3시간 불린 뒤 물 1.5ℓ를 넣은 찜통에 면보를 깔고 김이 오르면 올려 40분 정도 찌고 뚜껑을 닫은 채 불을 끄고 그대로 10분 정도 두어 뜸을 들인다.
2 너른 그릇에 준비한 미지근한 물의 3분의 1을 붓고 고운 면포에 엿기름가루를 넣고 손으로 주물주물 치대어 엿기름물을 만들어 빈 그릇에 붓는다. 남은 미지근한 물도 엿기름주머니에 치대어 맑은 물이 나올 때까지 총 3회에 걸쳐 엿기름물을 만들어 한데 섞는다.
3 ②의 엿기름물을 상온에서 1시간 정도 그대로 두어 가라앉혀 맑은 윗물만 따라 낸다.
4 무는 깨끗하게 씻어 껍질을 벗긴 후 3㎝ 길이로 채 썬다.
5 생강은 손질해 껍질을 벗겨 믹서에 간다.
6 고운 면포에 ⑤의 간 생강과 고춧가루, ③의 맑은 엿기름물 1ℓ를 붓고 거른다.
7 너른 그릇에 찐 ①의 찹쌀밥과 채 썬 무, 쌀조청 그리고 ⑥을 넣어 고루 섞은 후 소독한 유리병에 담는다.
8 안동식혜는 실온에서 2일 정도 숙성시켜 먹는다.

PART 7

정갈한 명절 식탁

우리나라의 절기 음식은 건강한 제철 식재료를 활용해 무병장수를 기원하는 마음이 담겨 있다. 떡국과 만두로 이어지는 새해의 시작, 오곡백과가 무르익는 한가위 역시 최소한의 가짓수로 명절 분위기도 내고 건강까지 챙길 수 있도록 특별한 레시피를 제안한다.

조랭이떡국

"소고기 양지를 진하게 우려 끓인 조랭이떡국은 감칠맛 나는 국물이 일품이고 귀여운 모양의 조랭이떡은 보기에도, 한입에 먹기에도 좋습니다. 떡국용 소고기 육수를 낼 때는 무와 대파, 양파를 먼저 넣고 끓기 시작하면 고기를 넣으세요. 소고기 잡내를 잡아주고 고기 육수에 채소 육수가 어우러져 국물이 한층 더 맛있어집니다. 쪽파산적은 부드럽고 단 쪽파와 양념한 양지의 맛이 어우러진 별미로 새해 떡국에 곁들이기 좋은 음식 중 하나입니다. 쪽파산적은 달걀물 대신 밀가루물을 입혀 부드럽고 담백한 맛을 내는 것이 특징이에요. 쪽파산적을 작게 썰어 떡국의 고명으로 올리면 떡국이 한층 푸짐하고 고급스러워 보입니다."

기본 재료

조랭이떡 700g, 소고기(양지) 400g, 소고기(양지) 육수 8컵, 토판염·집간장 1작은술씩, 쪽파산적 적당량, 후춧가루 약간

소고기(양지) 육수 재료 생수 2ℓ, 무 200g, 대파 1대, 양파 ½개

쪽파산적 재료 쪽파·소고기(양지) 100g씩, 우리밀가루 3큰술, 거피 참깨·실고추·현미유 약간씩, 꼬지용 대나무 적당량, 집간장·참기름·배즙 1작은술씩, 양파즙·후춧가루 약간씩, 생수 ½컵, 토판염 약간

만드는 법

1. 소고기는 찬물에 물을 바꿔가며 1시간 담가 핏기를 뺀다.
2. 냄비에 소고기(양지) 육수 재료를 넣고 끓기 시작하면 양지를 넣는다.
3. ②가 끓기 시작하면 거품을 걷어가며 1시간 20분 정도 끓인 뒤 소고기는 건져내고 육수는 면보에 걸러 둔다. 삶은 소고기는 결대로 먹기 좋게 찢어둔다.
4. 쪽파산적을 만든다. 쪽파는 손질해 깨끗하게 씻어 면보로 물기를 제거하고 5~6㎝ 길이로 썬다. 소고기 양지는 0.5㎝ 두께, 6㎝ 길이로 결대로 썰어 집간장, 참기름, 배즙, 양파즙, 후춧가루를 넣어 골고루 버무린다. 꼬치용 대나무에 양념한 소고기와 쪽파를 번갈아 끼운 뒤 우리밀가루를 양면에 묻히고 우리밀가루 1큰술과 생수 ½컵, 토판염을 섞어 만든 밀가루물에 적신다. 예열한 팬에 현미유를 두르고 꼬치를 올려 양면을 노릇하게 굽는다.
5. ③의 소고기 육수를 냄비에 붓고 끓기 시작하면 조랭이떡을 넣고 토판염과 집간장으로 간한다.
6. 조랭이떡이 떠오르면 그릇에 담고 후춧가루를 뿌린 뒤 ③의 찢어둔 소고기와 ④의 쪽파산적을 취향대로 올려 낸다.

소고기만두

"집에서 만든 만두만큼 건강한 음식은 없다고 봅니다. 기름기 없는 소고기에 두부, 숙주, 알배기배추, 부추 등을 다져 넣은 만두는 지방 섭취를 피하거나 절제해서 먹어야 하는 항암 환자들에게는 좋은 단백질 공급원이 됩니다. 저는 겨울에 한두 번씩 꼭 만두를 만들어 먹는데, 한 번에 70개 정도 만들어 찜기에 찐 후 물기가 많은 뒷면이 위로 오도록 쟁반에 올려 하루 반나절 정도 말리고 다시 뒤집어 반나절 정도 꼬들하게 말립니다. 그런 다음 소분해 냉동 보관해두고 먹으면 좋은 먹거리가 됩니다."

기본 재료 소고기(홍두깨살) 500g, 알배기배추 700g, 부추·숙주 300g씩, 두부 600g, 당면 100g, 대파 1대, 양파 ½개, 참기름 2큰술, 다진 마늘 1⅓큰술, 토판염 ⅔큰술, 후춧가루 약간

소고기 양념 재료 집간장·참기름·배즙 2큰술씩, 다진 마늘 1큰술, 후춧가루 약간

만두피 재료 우리밀가루 500g, 생수 1컵, 토판염 10g, 포도씨유 1큰술, 달걀 1개

만드는 법

1 홍두깨살은 칼로 곱게 다져 분량의 재료를 섞어 만든 양념으로 밑간해둔다.
2 알배기배추는 끓는 물에 데쳐 식힌 후 곱게 다지고, 부추는 손질해 씻어 0.5㎝ 길이로 썬다. 숙주는 손질해 씻어 끓는 물에 살짝 데쳐 면보에 넣어 꼭 짜 잘게 다진다. 두부는 면보에 넣어 물기를 꼭 짠다.
3 당면은 뜨거운 물에 2시간 정도 불려 다진다. 대파와 양파는 곱게 다진다.
4 볼에 ①, ②, ③을 한데 섞고 참기름, 다진 마늘, 토판염, 후춧가루를 넣고 고르게 섞어 만두소를 만든다.
5 우리밀가루는 고운체에 내려 분량의 재료를 넣어 치댄 후 비닐봉지에 넣어 상온에서 1시간 정도 숙성시킨 후 다시 한 번 치대어 탄력 있는 반죽을 만든다.
6 반죽을 원하는 크기로 소분해 동그랗게 밀어 만든 만두피에 ④의 만두소를 넣고 빚는다.

움파산적

"움파는 입춘오신반(立春五辛飯)의 하나로 겨울에 움, 즉 베어낸 줄기에서 자라나온 대파입니다. 따뜻한 지방에서 가을에 종자를 뿌려 이듬해 봄에 수확하는 겨울 대파는 여름 대파에 비해 더 단단하고 단맛이 강하지요. 꼬치에 대파와 소고기를 번갈아 꿰어 기름에 지지는 움파산적은 겨울에 한 번쯤은 꼭 먹어야 하는 음식 중 하나입니다. 파는 채소 중에 으뜸으로 염증을 억제해 주고 소화를 촉진해 줍니다. 또한 폐와 위에 보약에 버금갈 정도로 아주 좋은 식재료이지요. 또한 혈액순환에도 매우 효과적이에요. 그뿐만 아니라 대파는 식이섬유가 많고 항균작용이 뛰어난 알리신이 함유되어 있어 면역력 증강에 좋고 비타민 C가 사과의 5배 이상 들어 있어요. 대파는 익히면 단맛이나 소고기 또는 돼지고기를 이용해 적으로 만들면 아이들도 맛있게 먹을 수 있습니다."

기본 재료 움파(또는 대파)·소고기(안심) 200g씩, 밀가루 적당량, 달걀 2개, 꼬치 5개

소고기 양념 재료 배즙 3큰술, 집간장 2큰술, 아카시아꿀·다진 파 1큰술씩, 다진 마늘·참기름 1작은술씩, 거피 깨소금·후춧가루 약간씩

만드는 법

1 움파는 깨끗하게 씻어 10㎝ 길이로 자른다.
2 안심은 가로 1.5㎝, 세로 11~12㎝ 길이로 썰어 분량의 양념 재료를 넣어 골고루 무친다.
3 꼬치에 움파와 양념한 안심을 번갈아 끼운다.
4 달걀은 곱게 풀어둔다.
5 ③의 꼬치 앞뒤로 밀가루를 골고루 묻히고 달걀물을 입힌다.
6 달군 팬에 식용유를 넉넉하게 두르고 ⑤의 꼬치를 올려 중약불에서 양면을 노릇하게 지진다.

정월대보름 나물

"고사리와 고구마순, 피마자, 눈개승마, 취나물은 모두 국간장으로 간하면됩니다. 도라지나물은 보통 기름에 볶아 먹는 경우가 많은데 볶는 대신 물에 아주 살짝 데쳐 참기름과 소금, 거피 참깨만 넣어 무쳐 담백하면서도 고급스러운 맛이 납니다. 시금치를 무칠 때는 국간장과 참기름 외에도 간 잣가루를 넣으면 고소한 맛이 더해져 맛이 한층 좋고 부족한 단백질을 보충할 수 있습니다."

기본 재료 삶은 고사리·삶은 고구마순·삶은 피마자·삶은 눈개승마·삶은 취나물·데친 시금치·데친 도라지 300g씩

양념 재료 집간장·압착 생들기름·멸치다시마 육수 2큰술씩, 다진 파·다진 마늘 약간씩

도라지 양념 재료 참기름 1큰술, 토판염·거피 참깨 약간씩

시금치 양념 재료 집간장·참기름 1큰술씩, 잣가루 1작은술

만드는 법

1. 물기를 제거한 삶은 고사리는 5㎝ 길이로 자르고, 집간장·압착 생들기름·멸치다시마 육수를 넣어 고루 섞어 밑간 후 10분 정도 둔다.
2. 웍에 밑간한 ①의 고사리를 올려 중불에서 젓가락으로 살살 저어가며 볶은 후 불을 끄고 다진 파와 마늘을 약간 넣어 고루 섞는다. 삶은 고구마순·피마자·눈개승마·취나물도 고사리와 같은 방법으로 조리한다.
3. 도라지는 칼로 채 썬 듯 가늘게 갈라 끓는 물에 아삭한 식감이 살도록 살짝 데쳐 분량의 참기름과 토판염, 거피 참깨를 약간 넣어 무친다.
4. 시금치는 천일염을 넣은 물에 데쳐 찬물에 담갔다가 빨리 건져 물기를 꼭 짠 뒤 분량의 집간장과 참기름을 넣고 무치고 잣가루를 넣어 한 번 더 무친다.

사곡밥

"설날을 지나 비로소 본격적인 새 생명의 활동을 알리는 정월대보름에 먹는 오곡밥과 나물 그리고 부럼은 건강을 위한 조상들의 세심한 배려였습니다. 오곡밥의 재료는 시대나 가정의 기호에 따라 조금씩 달라지기는 하지만 보통 팥, 수수, 차조, 찹쌀, 검은콩 등이 기본이 됩니다. 팥은 불려서 사용하는 것보다 삶은 후 조리해야 맛도 좋고 밥의 색이 붉고 예쁩니다. 또한 팥 삶은 물은 버리지 말고 밥을 지을 때 밥물로 사용하면 색과 향을 더할 수 있고요. 항암 치료를 한 후에는 잇몸이 약해지는 등 딱딱하고 거친 음식을 씹기가 어렵습니다. 때문에 항암 환자들은 오곡밥 대신 차조나 수수 그리고 푹 삶은 팥 정도만 넣은 사곡밥을 추천하고 싶어요. 부드럽게 지은 사곡밥은 항암 환자뿐만 아니라 노인이나 어린이도 맛있게 먹을 수 있답니다."

기본 재료 찹쌀 2컵, 팥·차조·수수 ½컵씩, 토판염 ½작은술, 생수 3ℓ

만드는 법

1. 찹쌀은 깨끗하게 씻어 2시간 정도 찬물에 충분히 불린다.
2. 팥은 깨끗하게 씻어 냄비에 넣고 생수 1ℓ를 부어 한소끔 끓인 후 물을 버린다.
3. ②의 냄비에 생수 2ℓ를 더 붓고 팥이 터지지 않고 푹 익을 정도로 삶아 팥은 건지고 팥물은 따로 받아둔다.
4. 차조는 깨끗이 씻어 2~3시간 정도 충분히 불린다.
5. 수수는 붉은 물이 나오지 않도록 여러 번 깨끗이 씻는다.
6. 찹쌀, 차조, 수수, 삶은 팥은 골고루 섞는다.
7. 김이 오르는 찜통에 베보자기를 깔고 ⑥을 올려 찐다.
8. ⑦이 한 김 오르면 ③의 팥물에 분량의 토판염을 넣어 녹인 물을 골고루 끼얹고 뚜껑을 닫아 30~40분 정도 쌀알이 푹 퍼지게 찐다.
9. 불을 끄고 뚜껑을 덮은 채로 10분간 뜸을 들인다.

소고기산적

"시판 진간장이 아닌 맑은 집간장으로 양념을 해 담백하면서도 맛이 깔끔한 소고기산적입니다. 다만 집집마다 간장의 염도가 조금씩 다르기 때문에 간장의 양은 가감해도 좋습니다. 소고기는 반드시 핏물을 닦아낸 뒤 사용해야 육류 특유의 향을 없앨 수 있어요. 배즙과 양파즙을 양념에 넣지 않고 미리 고기에 발라 2시간 정도 재워두면 고기에 단맛이 은은하게 배고 연육작용으로 식감이 부드러워집니다."

기본 재료 소고기(우둔살) 300g

양념 재료 집간장·유기농 설탕·꿀 1큰술씩, 다진 대파(흰 부분)·참기름·다진 마늘 1작은술씩, 배즙 3큰술, 양파즙 2큰술, 후춧가루 약간

만드는 법

1 우둔살은 소독한 면보로 눌러 닦아 핏기를 제거한다.

2 배와 양파는 껍질을 벗겨 강판에 곱게 갈아 면포에 넣어 짠 즙을 섞어 핏기를 뺀 ①의 우둔살의 양면에 발라 2시간 정도 재운다.

3 재료를 섞어 양념을 만들어 ②의 소고기에 골고루 끼얹는다.

4 예열한 프라이팬에 ③의 우둔살을 올리고 중불에서 익힌다.

5 우둔살에서 빠져나온 육즙과 양념이 자작하게 조려질 때까지 양면을 굽는다.

맥적

"'맥적'에서 '맥'은 고구려에 살던 우리 민족을, '적'은 꼬챙이에 꿰어 구운 고기를 의미하지요. 양념한 돼지고기를 꼬치에 꿰어 불에 구워 먹는 요리로, 고구려에서 유래된 음식으로 알려져 있습니다. 맥적은 기름기가 거의 없고 가격도 저렴한 돼지고기 앞다리살을 사용해 건강하게 입맛을 돋우기에 더없이 좋은 메뉴입니다. 맥적의 주된 양념인 된장은 돼지고기의 잡냄새를 없애고 구수한 맛을 내줍니다. 돼지고기를 칼등으로 두드려 잘 구운 맥적은 참새고기처럼 부드러우면서도 구수한 맛이 일품입니다. 오븐이나 프라이팬에 구워도 맛있지만 프라이팬에서 80% 정도 익힌 후 숯불에 한 번 더 구우면 고기에 불맛이 더해져 훨씬 더 맛있습니다."

기본 재료 돼지고기(앞다리살) 500g, 청주 1작은술

양념 재료 된장 1큰술, 배 100g, 집간장·아카시아꿀 2큰술씩, 다진 마늘·다진 파·참기름 1큰술씩, 후춧가루·생강즙 약간씩

만드는 법

1. 앞다리살은 키친타월로 감싸 눌러 핏기를 뺀다.
2. 핏기를 제거한 앞다리살을 칼등으로 두드려 부드럽게 만든 뒤 청주를 골고루 뿌린다.
3. 믹서에 된장과 배를 넣고 곱게 갈아 볼에 담고 나머지 재료를 넣어 고루 섞어 양념을 만든다.
4. ②의 앞다리살에 ③의 양념을 양면에 골고루 발라 2~3시간 정도 재운다.
5. 맥적을 팬에 올리고 약불에서 앞뒤로 뒤집어가며 굽거나 오븐에서 굽는다.

녹두전

"녹두의 껍질을 벗길 때는 물을 여러 번 갈지 않고 불린 물을 체에 밭쳐 계속 사용해 씻어야 녹두의 향과 맛이 그대로 유지됩니다. 껍질을 벗긴 녹두는 갈 때 물을 많이 넣으면 반죽이 질어져 전 모양이 예쁘게 부쳐지지 않아요. 그뿐만 아니라 녹두는 너무 곱게 갈면 식감이 살지 않아요. 녹두를 굵은 모래처럼 서걱서걱한 입자가 살도록 갈아야 식감이 좋고 맛도 고소합니다. 녹두전에 올리는 숙주는 삶으면 부치면서 마르고 질겨지므로 반드시 생으로 반죽에 넣어야 합니다. 전을 부칠 때는 유기농 현미유를 넉넉히 넣고 처음에는 강불에서 지지다 중불로 줄여 부쳐야 겉은 바삭하고 속은 촉촉한 녹두전이 됩니다."

기본 재료 거피 녹두 500g, 다진 돼지고기·숙주·배추김치 400g씩, 불린 고사리 150g, 찹쌀 가루 2큰술, 현미유 적당량

돼지고기 양념 재료 다진 마늘 10g, 참기름·후춧가루·다진 생강 약간씩, 토판염 1작은술

만드는 법

1. 거피 녹두는 2~3번 씻어 5~6시간 물에 불린다. 충분히 불린 녹두는 물속에서 양손으로 비벼가며 남은 껍질을 벗긴다. 껍질이 벗겨질 때까지 비벼가며 씻되 녹두 불린 물을 버리지 않고 체로 걸러 받아 그 물로 여러 번 씻어 소쿠리에 담아 물기를 뺀다.
2. 찹쌀은 씻어 2시간 정도 불린다.
3. 돼지고기는 다져 양념 재료를 넣고 조물조물 무쳐 밑간을 한다.
4. 숙주는 2~3번 씻어 물기를 빼고 먹기 좋게 썰어둔다.
5. 잘 익은 배추김치는 깨끗하게 씻어 식감이 느껴질 정도로 다져 물기를 꼭 짠다.
6. 불린 고사리도 숙주 크기로 썬다.
7. 믹서에 ①의 녹두와 물을 넣고 성글게 간다.
8. 간 녹두에 찹쌀 가루, 돼지고기, 김치, 숙주, 고사리를 넣고 고루 섞는다.
9. 프라이팬에 현미유를 넉넉하게 두르고 ⑧의 반죽을 올려 양면을 노릇하게 지진다.

달고기전

"10여 년 전 부산 여행에서 달고기를 먹고 반해 명절 때 자주 달고기전을 만들어 먹곤 해요. 달고기는 몸 옆쪽 가운데에 있는 둥근 반점 때문에 달고기라 불린다고 해요. 기름기가 없고 담백하면서도 맛은 깊어 생선전 재료로는 최고라 생각됩니다. 잔가시가 없어 어른은 물론 아이들이 먹기에도 좋습니다. 생선전을 만들 때는 소금을 살짝 뿌리면 살이 단단해져 잘 부서지지 않지요. 또 달걀물을 곱게 풀어 체에 한 번 걸러 사용해야 생선에 균일하게 입혀져 전을 예쁘게 부칠 수 있습니다."

기본 재료 달고기 500g, 달걀 4개, 우리밀가루·현미유 적당량씩, 고운 토판염·후춧가루 약간씩

만드는 법

1. 달고기는 세장뜨기해 고운 토판염과 후춧가루를 뿌려 밑간한다.
2. 달걀은 곱게 풀어 토판염으로 간하고 체에 내린다.
3. 밑간한 달고기포를 양면에 밀가루와 달걀물을 차례대로 입힌다.
4. 달군 팬에 현미유를 적당히 두른 후 중약불로 줄여 ③의 달고기포의 양면을 노릇하게 지진다.

양지토란탕

"토란에 함유된 갈락탄 성분은 면역력을 높여 암세포가 증가하는 것을 막아 줍니다. 또한 궤양 예방에도 효과가 있으며 단백질과 지방의 소화를 도와줘 간을 튼튼하게 하고 장 건강에도 도움을 주지요. 그러나 토란은 맛이 아리고 매운 데다 표면이 미끈거리고 가려움증을 유발하는 등 손질이 만만치 않다는 것이 단점이에요. 토란의 미끈거림은 수산나트륨이라는 성분 때문인데 된장을 푼 찬물에 넣어 12분 정도만 끓입니다. 이후 껍질을 벗기고 상처 난 곳은 도려내고 끓는 소금물에 후루룩 끓여내면 더 이상 미끈거리지 않고 깔끔한 토란탕을 즐길 수 있어요. 토란을 너무 오랜 시간 끓이면 죽이 되기 십상이니 삶는 시간을 지키는 것이 중요해요. 토란탕에 들어가는 양지는 푹 삶은 후 칼로 썰지 말고 결대로 손으로 찢어내야 더욱 맛있게 즐길 수 있습니다."

기본 재료 토란 1kg, 천일염 약간, 소고기(양지) 500g, 생수 1.5ℓ, 된장 1큰술, 다진 마늘 1큰술, 집간장 2큰술, 대파 ½대, 토판염 약간, 다시마물 1.5ℓ

만드는 법

1. 토란은 고무장갑을 끼고 물에 여러 번 깨끗하게 씻는다.
2. 냄비에 준비한 토란을 넣고 토란이 잠길 정도로 물을 부은 뒤 된장을 풀어 12분가량 끓인다.
3. 데친 토란을 찬물에 한 번 씻은 후 껍질을 벗긴다.
4. 냄비에 물을 붓고 천일염을 약간 넣어 끓기 시작하면 토란을 넣고 살짝 데친다.
5. 냄비에 생수를 붓고 끓으면 핏물을 제거한 양지를 넣고 1시간 20분 정도 푹 삶아 건져 식혀 손으로 먹기 좋게 찢거나 칼로 썬다.
6. ⑤의 양지를 끓인 국물에 다시마물을 붓고 끓으면 ④의 토란을 넣고 약 10분 정도 끓인 뒤 다진 마늘과 송송 썬 대파를 넣고 한소끔 끓여 집간장으로 간한 뒤 부족한 간은 토판염으로 맞춘다.
7. 양지토란탕을 그릇에 담고 ⑤의 양지를 고명처럼 올린다.

양지소고기무국

"소고기는 설탕물에 담가두면 핏물이 훨씬 빠르게 잘 빠집니다. 또한 찬물이 아닌 끓는 물에 넣고 삶아야 불순물이 적게 나오지요. 개운하면서도 깨끗한 맛을 원한다면 소고기를 삶을 때 양파를 함께 넣고, 소고기를 끓일 때는 거품을 수시로 걷어내는 것이 중요합니다. 대파는 어슷썰어 살짝 데친 후 먹기 직전에 넣으면 국을 여러 번 끓여도 국물이 지저분하지 않고 깔끔합니다."

기본 재료 소고기(양지)·무 400g씩, 생수 3ℓ, 양파 1개, 대파 1대, 집간장 2큰술, 토판염 15g, 설탕 약간

만드는 법

1. 양지는 핏물을 빼기 위해 설탕물에 30분 담갔다가 다시 찬물에 10분 정도 담가둔다.
2. 냄비에 생수를 붓고 물이 끓으면 핏물을 뺀 양지와 양파를 넣고 1시간 20분 정도 거품을 걷어가며 푹 끓여 양지는 건져 식히고 육수는 면보에 걸러 둔다.
3. ②의 양지는 먹기 좋은 크기로 찢어 집간장을 넣어 조물조물 무친다.
4. 무는 도톰한 두께로 나박썰기 해 밑간한 ③의 양지와 함께 ②의 소고기 육수에 넣고 무가 익을 때까지 끓인다.
5. 대파는 어슷썰어 끓는 물에 데친다.
6. ④의 무가 익으면 토판염으로 간한 뒤 그릇에 담고 데친 대파를 고명으로 올린다.

LA갈비찜

"보통 갈비에 비해 얇은 LA갈비로 찜을 하면 오래 가열하지 않아도 됩니다. 또 구이와 달리 LA갈비찜을 만들 때는 끓는 물에 한 번 데쳐내고 지방은 가위 등을 이용해 꼼꼼하게 제거하는 것이 항암 환자들이 먹기에 좋아요. 다만 집간장이 시판 양조간장에 비해 짜기 때문에 다시마육수를 넣어 끓여 짠맛과 감칠맛을 더해주는 것이 좋습니다. 또한 설탕 대신 아카시아꿀과 유기농 원당으로 단맛을 더하면 보다 건강하게 갈비찜을 즐길 수 있습니다."

기본 재료 LA갈비 2kg, 무 200g, 당근 150g, 밤 7개, 은행 10개, 대추 5개, 표고버섯 3장, 배 1개, 양파 150g, 다시마물 3컵

양념 재료 집간장 7큰술, 다진 마늘·참기름·아카시아꿀·유기농 원당 2큰술씩, 후춧가루 약간

만드는 법

1. LA갈비는 찬물을 넉넉하게 부어 30분 담갔다가 다시 물을 갈아 30분 정도 더 핏물을 뺀다.
2. 냄비에 물을 넉넉하게 붓고 팔팔 끓으면 핏물을 뺀 LA갈비를 넣고 데치듯 한 번 삶아 건져 찬물에 깨끗하게 씻은 뒤 가위로 붙어 있는 지방을 잘라낸다.
3. 껍질을 제거한 배와 양파는 믹서에 갈아 면포에 넣어 즙을 짠 뒤 ②의 손질한 LA갈비에 부어 하루 정도 재운다.
4. 재료를 섞어 양념을 만들어 ③의 LA갈비에 절반을 부어 골고루 버무린다.
5. 무와 당근은 모서리를 제거하고 먹기 좋은 크기로 썰고 밤은 껍질을 깐다.
6. 냄비에 ④의 갈비와 다시마물, 남은 양념을 넣은 뒤 중약불에서 거품을 걷어내며 30분 정도 조린다.
7. ⑥에 무, 당근, 밤, 표고버섯을 넣고 무와 당근, 밤이 익을 때까지 끓이다 은행과 대추를 넣고 강불로 높여 끓이고 국물이 자작해지면 불을 끈다.

궁중떡볶음

"궁중떡볶이는 옛 궁궐에서 왕자와 공주들의 간식과 임금님의 수라상에 올랐다는 떡볶이를 말하는 것으로 고추장 대신 간장을 사용해 만들었다고 해서 '간장떡볶이'라고도 합니다. 제 어린 시절에는 빨간 떡볶이가 없고 간장과 조청을 넣어 떡볶이를 만들어 먹었어요. 채소와 소고기가 푸짐하게 들어가고 떡이 밥을 대신해 도시락 메뉴로도 좋지요. 보통은 채소를 기름에 볶지만 저는 건강을 위해 채 썬 채소를 끓는 물에 살짝 데쳐 넣었습니다. 국물이 있는 떡볶이가 아니라 볶는 떡볶이기 때문에 떡은 말랑한 것을 사용해야 합니다. 떡이 딱딱하다면 소금을 넣은 끓는 물에 살짝 데쳐 사용하면 됩니다. 조금 더 특별하게 만들고 싶다면 배를 무처럼 썰어 넣거나 더덕을 편으로 썰어 넣어 보세요. 아삭한 식감과 향이 더해져 맛있습니다."

기본 재료 떡볶이용 쌀떡·소고기(안심) 300g씩, 노랑·빨강 파프리카·피망 60g씩, 양파 ½개, 표고버섯 2장, 대파 ½대

양념 재료 집간장·다진 마늘·참기름 1큰술씩, 아카시아꿀 2큰술, 배 30g, 깨소금·후춧가루 약간씩

만드는 법

1 딱딱한 가래떡은 소금물에 살짝 데쳐 말랑한 상태로 준비해 둔다.
2 안심은 찬물에 30분 정도 담가 핏물을 뺀 후 면 행주나 키친타월을 이용해 물기를 닦는다.
3 재료 중 배는 갈아 즙을 내고 여기에 나머지 재료를 섞어 양념을 만든다.
4 ②의 안심을 먹기 좋은 길이로 썰어 ③의 양념을 넣어 조물조물 무친다.
5 파프리카, 피망, 양파, 표고버섯, 대파는 각각 먹기 좋은 크기로 채 썬다.
6 끓는 물에 ⑤의 채소를 넣고 살짝 데쳐 물기를 뺀다.
7 팬에 안심을 넣고 볶다가 떡과 채소를 넣고 재료끼리 어우러지도록 살짝 볶아 접시에 담는다.

버섯잡채

"사실 잡채는 기름은 물론 설탕과 시판 간장이 많이 들어가 항암 환자에게는 추천하지 않는 음식 중 하나예요. 그래도 명절에 잡채가 빠지면 섭섭하죠. 때문에 저는 버섯을 풍부하게 넣고 기름은 아주 살짝 두르거나 거의 넣지 않고 재료를 볶아 잡채를 만듭니다. 설탕 대신 꿀이나 메이플시럽을 넣고 시판 간장 대신 집간장을 넣어 깊은 맛을 더하면 좋습니다."

기본 재료 소고기(양지) 100g, 송이버섯·능이버섯 80g씩, 표고버섯·불린 목이버섯 50g씩, 양파 100g, 피망·빨강 파프리카 1개씩, 당면 150g, 배 100g, 달걀 1개(지단용), 토판염·포도씨유·참기름 약간씩, 아카시아꿀(또는 메이플시럽) 약간

양념 재료 집간장 2큰술, 유기농 원당 3큰술, 다진 마늘 1큰술, 후춧가루 약간, 참기름 2큰술, 통깨 1큰술

만드는 법

1 소고기는 0.4㎝ 두께로 채 썰고, 송이버섯과 능이버섯은 밑동의 흙을 젖은 행주 등을 이용해 제거한 뒤 먹기 좋게 찢어둔다.

2 표고버섯은 씻어 기둥을 떼고 물기를 뺀 다음 얇게 저며 채 썬다. 말린 목이버섯은 씻어 미온수에 30분 정도 불린 뒤 소쿠리에 밭쳐 물기를 빼고 먹기 좋게 썬다.

3 양파는 채 썰고 파프리카, 피망은 반으로 갈라 씨를 털어내고 채 썬다.

4 달군 팬에 포도씨유를 약간 두르고 송이버섯과 능이버섯, 목이버섯을 토판염으로 간해 각각 볶은 후 넓은 그릇에 펼쳐 담아 한 김 식힌다.

5 파프리카와 피망도 ④의 방법대로 볶은 후 넓은 그릇에 펼쳐 담아 식힌다.

6 채 썬 소고기는 재료를 섞어 만든 양념의 반을 넣고 버무린 후 팬에 볶아 접시에 담아 식힌다.

7 팬에 참기름을 살짝 두르고 불린 표고버섯을 넣고 볶아 토판염으로 간한다.

8 달걀은 풀어 황백 지단을 얇게 부쳐 채 썰고, 배도 가늘게 채 썬다.

9 냄비에 물을 넉넉하게 붓고 끓으면 당면을 넣고 당면이 투명해지고 부드럽게 삶아지면 채반에 쏟아 물기를 뺀 뒤 길이로 2~3번 자른다.

10 넓은 그릇에 참기름과 ⑥의 남은 양념을 붓고 ⑨의 당면을 넣어 버무린 뒤 볶은 소고기와 버섯, 파프리카, 피망, 양파를 넣고 다시 한 번 골고루 섞는다.

11 간을 봐 싱거우면 집간장을 더 넣고 단맛을 더하고 싶으면 아카시아꿀이나 메이플시럽을 넣는다.

12 그릇에 잡채를 담고 ⑧의 황백 지단과 배를 고명으로 올린다.

추석포기김치

"전라남도가 아닌 전라북도식 김치로 생젓(진젓)이 남도의 3분의 1 정도밖에 들어가지 않아 남도 김치처럼 젓갈 냄새가 강하지 않고, 서울 김치보다는 감칠맛이 나는 김치입니다."

기본 재료 배추 2포기, 천일염(절임용) 600g, 물(절임용) 4ℓ

부재료 무 300g, 콜라비 200g, 배 300g, 쪽파 120g, 부추·미나리 80g씩, 생새우 100g

양념 재료 고춧가루·마른 고추 100g씩, 다진 마늘 150g, 다진 생강 20g, 다시마물·찹쌀죽 1컵씩, 멸치 가루 1작은술, 멸치액젓 70g, 멸치진젓 100g, 다진 새우젓 50g

만드는 법

1 배추 밑동에 칼집을 넣고 손으로 벌려 반으로 가른다.
2 통에 물을 붓고 천일염은 분량의 절반을 넣어 녹인 다음 배춧잎 사이사이에 끼얹어 적시고 배추 줄기 부분에 남은 천일염을 켜켜이 뿌린다.
3 큰 통을 준비해 ②의 배추를 속이 위로 올라오도록 차곡차곡 쌓고 남은 소금물을 붓는다. 4시간이 지나면 배추를 위아래로 뒤집어 4시간 정도 더 절인다.
4 ③의 절인 배추는 흐르는 물에 3번 헹궈 소금기를 빼고 채반에 엎어 물기를 뺀다.
5 껍질을 제거한 무와 콜라비, 배는 0.2㎝ 굵기로 채 썬다.
6 다듬어 씻은 쪽파와 부추, 미나리는 모두 3㎝ 길이로 썬다.
7 생새우는 껍질을 벗기고 소금물에 씻어 물기를 뺀 다음 칼로 다진다.
8 마른 고추는 꼭지를 따고 가위로 3~4등분해 씨를 털어낸 후 물에 한 번 씻어서 다시마물 1컵을 부어 잠시 불린 뒤 믹서에 곱게 간다.
9 양념 재료를 모두 섞은 후 손질해 둔 부재료인 무, 콜라비, 배, 쪽파, 부추, 미나리, 생새우를 넣고 고루 버무려 김칫소를 만든다.
10 절인 배춧잎 사이사이에 ⑨의 소를 켜켜이 넣고 겉잎으로 배추 전체를 감싼 뒤 단면이 위로 오도록 김치통에 담고 푸른 겉잎으로 덮어 공기가 통하지 않도록 한다.
11 뚜껑을 덮어 실온에서 18~20시간 익힌 후 냉장고에 넣어 한 달 안에 먹는다.

항암 요리 전문가 황미선의 **치유식**

초판 1쇄 발행 2025년 3월 26일

지은이 황미선

발행인 이동한
편집장 김보선
기획·편집 강부연
마케팅 박미선(부국장), 조성환, 박경민
사진 이종수
디자인 정희진
교정·교열 한승희
발행 ㈜조선뉴스프레스 여성조선
등록 2001년 1월 9일 제 2015-00001호
주소 서울특별시 마포구 상암산로34, 디지털큐브빌딩 13층
편집 문의 02-724-6712, susu001@chosun.com
구입 문의 02-724-6796, 6797

ISBN 979-11-5578-511-9
값 38,000원